你怎样过一天，
就怎样过一生

七芊 ◎ 著

北京联合出版公司
Beijing United Publishing Co.,Ltd.

图书在版编目（CIP）数据

你怎样过一天，就怎样过一生/七芊著.
—北京：北京联合出版公司，2017.9（2020.11重印）
　ISBN 978-7-5596-0741-6

　Ⅰ.①你… Ⅱ.①七… Ⅲ.①成功心里-通俗读物
Ⅳ.①B848.4-49

中国版本图书馆CIP数据核字（2017）第180535号

你怎样过一天，就怎样过一生

作　　者：七　芊
出 品 人：赵红仕
选题策划：北京时代光华图书有限公司
责任编辑：牛炜征
特约编辑：高志红
封面设计：零创意文化
版式设计：冉　冉

北京联合出版公司出版
（北京市西城区德外大街83号楼9层　100088）
北京时代光华图书有限公司发行
北京雁林吉兆印刷有限公司印刷　新华书店经销
字数169千字　880毫米×1230毫米　1/32　8印张
2017年9月第1版　2020年11月第3次印刷
ISBN 978-7-5596-0741-6
定价：45.00元

版权所有，侵权必究
未经许可，不得以任何方式复制或抄袭本书部分或全部内容
本书若有质量问题，请与本社图书销售中心联系调换。电话：010-82894445

谨以此书纪念风雨无阻，独自前行的日子。
献给所有在职场上迷茫无助的年轻人。

推荐序

年轻人的职业痛点：看到了广告却没有看到本质

古典

很多年轻人的职业痛点是，他们并不了解社会，只是看到了职业的表象，他们会误以为某一种工作，光鲜亮丽，钱多活少，可以周游世界。

有的年轻人甚至会以这种表象来判断自己要去找什么样的工作，当然事实是，他们非常失望。接触之后才知道之前所了解的这些内容其实只是职业的广告，而真实的职业，往往脱离不开艰难困苦的事实。

这时候，不少年轻人便会承受理想和现实之间的差距，这样的差距之中，他们焦虑、挣扎，不知道该去向何方，产生了深刻的职业发展问题。这种发展问题关乎他们的个人价值、社会身份，长久下去，会衍生出更多心理问题，让他们无法正常发挥自身的能力。

这个社会如果不能妥善处理好年轻人的职场问题，那么企业将无法吸纳优质的人才，各行各业都无法真正地高效运转。如何能促进人才的高效准确的分配，以及人才的自我规划和觉醒，是当今社会重要的发展问题。

我创办新精英的时候，正是基于这样的目标。单靠我一个人的能力，只能辐射很小一部分的学生，但是如果我培养出更多的职业规划师，那么就可以让更多的人去服务年轻人，去帮助他们最大化发挥个人价值。

七芊的这本书，以年轻人的视角，阐述了年轻人的职场问题：迷茫，焦虑，选择。有一篇文章我很震惊，名字叫《毕业那年，我拿了23个offer》。读完之后才知道，她为了找到一份满意的工作，拼命面试了将近百家企业，总结出一套面试、找工作的技巧。

我问她为什么要这么坚持，她的回答很简单："因为做不喜欢的工作会不开心，我不想凑合自己的生活。"

书里的很多故事，并不是灌输给年轻人怎样的态度，年轻人应该怎样怎样地生活工作，而是融入了很多她本人的实践教训，以女性温柔的视角分享给更多的年轻人：我看到的职场是这个样子的，我这样做最后得到了不错的成果，你可以尝试这样的方法。

鸡汤的内容很少，更多的是一个在北京打拼的女孩，看到的真实的社会、真实的工作。这个时候她开始知道过去的很多认知是不正确的，在这种焦虑、挣扎中，她不断地在成长，在强迫自己改变；到最后，她在与社会、与工作磨合出默契的态度和行动。在这个过程里，她很善于总结问题，并思考解决问题的方式和方法。比如"残酷的世界为什么要你假装毫不费力""那么有理想的你，为什么过得不如庸庸碌碌的人"，她的解析犀利而有趣，让读者不由自主地跟上了她的节奏，思考这个世界真实的样子。

七芊很多次和我讲，她希望能够帮助更多的年轻人，而鸡汤等态度没办法去帮助年轻人，她说只有实践所获得的经验，才是纯金的，是由她亲测有效的，这样的文字让她觉得踏实有力量，并且是在做好事。

知名的哲学大师福柯曾经说：职业是人一生都需要解决的问题，是这个社会的根基。

希望更多的年轻人在读完这本书之后能够妥善地处理好理想和现实之间的落差，更加了解这个社会真实的规则。

自 序

我很喜欢《嫌疑人X的献身》里的两句台词：

失意的数学家石神对着老友唐川说：那个时刻，越是挣扎便越是进入更深层次的挣扎恐慌之中，像一只无用的齿轮，我不能忍受这样不够优秀的自己。

唐川回复他说：这世界上没有无用的齿轮，只有齿轮自身才能决定自己的用途。

进入社会，独自奋斗的我们更能理解这两句台词的含义。

成长起来的年轻人会发现，这世界和父母嘴里所描述的完全不同，甚至和他们臆想中、教育中所描述的完全不同。

年轻人早晚要独自面对这个陌生的世界，没有人可以给他们准确的指导，告诉他们要去什么地方，从事什么样的工作，过什么样的人生。

这本书记述了从事各行各业年轻人的社会经历，他们面临各自的危机，得出各自的结论，从他们身上可以看到很多同阶段人的共同问题。

他们中的很多人得出了理性的处理办法，不断修正自己对世界的认知，过上了理想的生活。

当然，很多人依然沦陷在挣扎的泥潭中。面对庞杂的社会，他们不知何去何从，会下意识地焦虑、不安、自我否定，认为自己很没有用。

这时，无论你怎样鼓励他们，希望他们认识到自己是有价值的人，似乎都收效甚微。因为他们想要的是不费吹灰之力，快速有效地让自己脱离苦海的办法。对于这种办法，焦躁的他们认为自己想不出来，只能依靠他人的帮助。

于是，有很多人就这样被埋没、被浪费，在挣扎和痛苦之中消磨自己的才华。

我自认为是个很有主见的人，但依旧逃离不开这些初入社会的问题。

独自来到北京，独自找工作，独自学习，这座城市给予我更多的是一个人的时光，这样的我会面临很多新生代问题——新时代成长起来的年轻人与前辈们的代沟。

那时候我发现，我没有办法精准地向任何一个人求助。

这个世界从来没有无用之人，只有自己能够想清楚自己要在什么样的位置、什么样的方向上发挥自己的价值。

我便潜心搜集了这些人和他们的故事，认真地总结出他们面对每一次困难与挑战所得出的思考。

我经常戏谑说："自己用已走过人生的四分之一来酝酿这本书，它对我而言胜过任何礼物。"

这本书总结了我从2014—2017年毕业三年的所见所闻、所思所想、所做所得。我从那个独自来北京的毕业生变成了大企业的市场经理，再到创办自己的公司。这一路的很多故事，希望讲给懂的人听，以为那些迷茫挣扎的人带来力量。

天助自助者，希望每一个在职场中痛苦挣扎的人能尽早地意识到：这条路上，能帮助你的人只有自己，人得自己成全自己。

目录 contents

Chapter
1
001~038

人生总要走些心满意足的弯路

年轻总要走些心满意足的弯路 002

毕业那年,我拿了 23 个 offer 006

别人可以说你年轻不着急,但你自己却不能这样想 013

你是什么水平的人,就进什么水平的公司 017

有什么样的面试官,就有什么样的企业 022

曾经比你差的人现在比你优秀有什么不可以 026

为什么大多数人都知道你的问题所在,却从不告诉你 029

如何利用跳槽,选择一条正确的路 033

Chapter 2

039~082

残酷的世界要你假装毫不费力

残酷的世界为什么要你假装毫不费力　040

步入社会的你如何重新学习　045

职场上最初遇见的人,是否轰炸过你的价值观　049

敬业是一个人最好的底气　057

你折腾那么久,却不如原地精进的人　065

那些创业失败的人,最后去了哪里　070

曾经觉得很厉害的人不过如此　074

辞职要快,不要在一个岗位上消耗　078

Chapter 3
083~118

生活，总会给你带来一些小插曲

为什么你在职场中只有同事，没有朋友 084

年轻的你如何优化人脉圈子 090

你是总要和朋友闹掰的那种人吗 093

如果不联系，再好的朋友也会变成陌生人 097

朋友圈分组把我们变成了无聊的人 100

做人一定要聊天 104

父母培养你对爱情的审美能力有多重要 107

没想清楚这些，不要来北京 113

Chapter 4
119~160

成长是要与自己握手言和

成熟并不是学会孤独,而是学会如何与孤独和解　120

你遇到的困难与颜值成正比　126

阅读偏好正在禁锢着你的思维　130

每个阶段都有每个阶段的目标　134

学习能力差的人走入社会是什么样子　137

学习能力差的人走入社会该如何拯救　142

你的言谈举止告诉别人,你处于 0 社交状态　147

工作异地恋,等待情侣的是不是只有分手　153

旧人勿见,旧事勿念　157

Chapter 5
161~200

年轻人要大胆展现自己的才华

年轻人要大胆展现自己,没有人有义务挖掘你的才华　162

"没准备好的时候"就是"准备得最好的时候"　166

有些事不要等想明白之后再去做　172

那么有理想的你,究竟输在了哪里　176

你从不缺目标与实力,为什么过得不如庸庸碌碌的人　182

没实力的时候,不要先学别人有气场　189

没方法,死撑也是没有用的　193

人对自己的标准有多高,日子过得就有多好　196

Chapter
6
201~240

不间断地努力，是你走向成功的唯一捷径

努力就是每天坚持做同一件事　202

打破死循环，从改变一件小事做起　207

年轻人不想做手艺人，放弃的究竟是什么　213

说谎，不是在骗别人，而是在骗自己　218

高效的人生从不做与理想无关的事　221

年轻最大的遗憾：因为害怕，最终什么也没有做　225

不要动不动就来个间隔年　228

未经规划的美好，不会出现在生活中　231

天助自助者，人只能自渡彼岸　236

Chapter 1

人生总要走些
心满意足的弯路

年轻总要走些心满意足的弯路

毕业那年，我拿了23个offer

别人可以说你年轻不着急，但你自己却不能这样想

你是什么水平的人，就进什么水平的企业

有什么样的面试官，就有什么样的公司

曾经比你差的人现在比你优秀有什么不可以

为什么大多数人都知道你的问题所在，却从不告诉你

如何利用跳槽，选择一条正确的路

年轻总要走些心满意足的弯路

你终将会遇到对的人、对的事，只因你犯的错误足够多。

——七芊

朋友毕业后进了联合利华做管培生，方向是渠道推广，用他的话说：始终在做地面活动，一会儿团购，一会儿推广，做得比农民工苦，像个销售小贩。

外企的流程线分明，管理制度等级规格健全，以至于他觉得在短期内升职无望，十分沮丧。他毕业时盲目追求了外在光环，没有对行业加以分析，到最后才发现自己根本不适合这份工作，对传统快消行业很失望。

朋友本身是北京人，他觉得留在香港太辛苦，就心心念念地要回北京，结果仅一个多月就结束了联合利华的管培生工作。后来一鼓作气，去了一家创业公司，被人用得半死，才看穿这家创业公司的真面目就是捞完就跑，不管员工死活。

后来朋友灰溜溜地回到北京，想从事互联网行业。他完全没有工作经验，只有一个光环的噱头，在北京工作四处碰壁。内推均以没有工作经验作罢，又对行业内部状况非常不了解，时常不知道如何做选择，也没有认识的前辈可以交流，更多时候是自己焦虑。

那天，我们聊到很晚。我说了很多当初来北京的窘境，以及现在面临的问题。总结起来无外乎：人生总要走些心满意足的弯路才会知道自己价值真正能发挥的领域和职位，始终相信每一种经历都是一种积累，都是为持续努力的大方向在铺路。总要先站在合适的位置，然后才能做到顶峰。

理想的人生：名牌大学—名牌专业—上层次的工作—高不可攀的事业—权力和金钱。

真正的人生：哪怕名牌大学—名牌专业—最low（低级的）的工作—坚持或放弃—不停地做选择—在选择中学习—不断尝试—不断失败—不断尝试—成功或依然失败。

RS是一家跨国教材公司的简称。我来北京的那段时间，由于错过了校招，找不到合适的工作，姑且在这家外企的国际部做了一段时间的外事工作。我负责一些往来邮件的简单翻译、相关文章的撰写，也包括来华留学生的夏令营活动，经常会跑一些国家的大使馆。

办公大厦在王府井东方广场的W3办公区，香港有很多办事处聚集在这里。从大厦出来的人都是一袭白领装束，十分讲究，连卫生间都是烫金印花的洗手盆，同组同事有留学五年以上的留学生、两个美国人、一个英国人、一个日本人。

那时候每天上班都很折磨，我和那些留美、留英五六年的人在能力上有相当大的差距，甚至我完全摸不清他们的笑点和泪点，挫败感猛增。

人从毕业到走入社会这个过程中，知道什么东西不适合自己远比知道什么东西适合自己要容易得多。

"尝误"是麦肯锡工作方法中最蠢的一种，但在毫无人脉和经验的情况下，尝误是最直接、最有效的办法。

人无法在当下就确定自己做的选择是否正确和长远。只要你做出这个选择，你就会清晰一步，哪怕只是尝误，都可以为你排除一个错误的选项，让你的未来更加清晰。这一切的前提是你一定要给自己规定一个期限，在这个期限内你要给自己犯错误做选择的时间。

毕业后，我就从那家外企辞职了，面试了很多企业，把每个的心得都记下来。慢慢地，我有了行业的概念，有了职位的概念，知道了如何写简历，知道了如何回答HR（人力资源）的问题，如何展现自己的优势。

再后来，我非常感激现在的总监肯让我过来做市场方面的工作。有时候也会责怪自己为什么绕了那么一大圈才站在自己想要的位置上，为什么不能直达，羡慕那些一下子就站在自己梦寐以求位置上的人。

那时候认识了一位写技术帖的作者朋友，我问他："我很想知道，清华毕业的人都会去哪里工作？"

他讲:"我们一般都会去国企,有点志向的都去当了村干部。"他对很多企业都给予了讲述,他好像对每个企业都很了解,后来我才知道,他也是在当初面试时不断积累经验,也走了不少弯路。

每个人走到今天这步,都是走了无数步才到这里。

这无数步不分多少,不分优劣,哪怕是谁努力十几年就为和谁一起喝咖啡,也是不可耻的。因为阅历这东西,终归是人生的一笔财富。

念名牌大学,出国留学,读尽可能多的书,目的不是一步登天,而是在你走出校园之后,在你回国之后,在周围的人向你传达无限负能量之后,在你面对种种挫败和质疑之后,依然能保持着绝对平和的情绪,去做你想做的事。

你现在所有的困顿、难发挥价值的原因,除了你自己个性的问题,难道没有考虑到是因为你站在一个错误的位置上,遇见了一群错误的人吗?可如果你不走这一步,你连什么是错都不知道,又怎么会知道对是什么呢?

所以,人生总要走些心满意足的弯路,不走就会遗憾,走了会挫败、会痛苦、会挣扎,但是走过就是人生一笔非常宝贵的财富,有关阅历,有关胸怀,有关韧性,有关所有美好的品质。

那些初老的人已经老了,而你的人生还有机会。你应该知道,你和那些人是不一样的,因为你看过世界,因为你对生活还怀有更远大的希望和梦想。

毕业那年，我拿了 23 个 offer

所有属于毕业的迷茫都不能以逃避的形式度过，否则它们依然会出现在你未来的人生中。困难像雪球，躲开了小的，等待你的可能是一场雪崩。

——七芊

2014 年，我从地方的一所知名外国语大学毕业。

毕业的时候，我在错过了校招的情况下，通过社招拿到了 23 个 offer（工作机会），其中有优酷、联想、凤凰、瑞沃迪、大众、央广视讯、意林、新浪微博等，企业规模各异，职位也千奇百怪，有人力资源、行政、编辑、翻译……

我用了半年的时间，面试了将近 100 家企业，做过 50 多份简历。这么一看，拿到 23 个 offer 也不算多。

正是在这样量的积累下，我找工作的技能值暴涨，最后锁定了自己非常喜欢的行业和工作。

迈出了正确的第一步,才有了之后正确的转型,工作两年后的我月收入有3万元左右。

1

时间计算法可以有效缓解找工作期间的焦虑。

目标的实现需要一个 deadline(截止时间),否则人会陷入无尽的焦虑中。面对分工复杂的社会,人容易陷入迷茫和恐慌,对行业和职位不了解,无从下手。

这个时候最有效的方法就是学会记录时间,把每天活动的时刻表全部记录下来,比如6:00—7:00洗漱,7:00—8:00学外语……

将每天的活动时刻表记下来,连续一个星期,就能总结出自己大部分时间都用在哪里,时间用在哪里就会在哪里产生效果。

对于大部分找不到工作的人来说,用在自我放松、逃避、享受上的时间居多,还有就是重复无意义的行为,比如每天浏览相同的网站,检索同样的公司和职位等,其实这些都是很无效的。

当人学会监测自己的时间都花在什么地方时,很容易调整自己的战略布局,控制自己的行为导向,改变精神涣散、迷茫无助的状态。

时间计算法是非常有效的缓解焦虑、增加有效行动的办法。

2

培养不卑不亢的求职态度,比别人做得早,比别人做得多,比别人谦虚。

我在同清华、北大的学生竞争同一个岗位时，并没有因为学历自卑，因为我在大学时做了非常多的有效行动。大学一年级的假期，我就开始进入社会实习，四年下来尝试了许多喜欢的岗位，实习的单位有十余家。大二的时候，我的一篇人物访谈的稿费已经有7000元了，我给很多杂志写过人物访谈、广告软文，在培训机构做过外语培训教师等。人的自信是行动结果的累加，这些实践经验让我内心充实、坚定。

很多困难，当你不觉得是个事儿，它们就不是你前进路上的问题。多在社会中做一点，多给自己积累一些经验，做人的底气就足了。

求职成功与否其实和你的学校、学历没有必然的因果关系，重点在于你做了多少让社会看到的，能让社会相信你的事。

3
信息搜集渠道要一专多能。

目前比较好的职业信息搜集渠道有：智联招聘、猎聘网、脉脉、领英、Boss直聘等。同时，各大公司会在官方招聘网站发布招聘信息，还有很多专门为行业内部人提供信息的网站，比如给互联网人士提供信息的拉勾网。

当时，我想找媒体方面的工作，就关注了一个叫媒体招聘信息的公众号。现在很多公司都是利用公众号招聘，有时候利用公众号更为便捷、快速，你只需要检索相关领域的关键字或公司名字，基本上就会有招聘认证的公众号出现。

最好是盯准一个网站之后，每天规定自己拓展两三个网站或招聘信息来源，不要过于频繁地看同一个网站或同一家公司的招聘信息，那样是浪费时间。最好是规定每天看哪个，然后几天一循环，否则只是在做重复的无用功。

4

人脉关系维护。

投递简历找工作永远是最笨的一种办法，机会是需要人去争取的，应该去找可以帮助你的人。国内比较好的平台是新浪微博、脉脉、Boss直聘、领英等。找到与你职场中领域最相关的前辈，让他帮你内推才是王道，当然你的校友也是你的资源。

多一个朋友就多一个信息源，靠人找机会永远是最靠谱的，一个不行就找两个。面对难以解决的事情，若有坚持找到一百个人寻求帮助的毅力，基本上没有解决不了的问题。

5

简历制作得要有美感。

模板最好选择简单清晰一点的，可以按照个人信息、自我评价、工作经验、项目经验、所获奖项来排序。

证件照一定要拍好，不要自己用手机拍，一定要找专业的证件照公司拍。

简历最好做成彩色的，比较显眼。

简历最好一页到两页，不要太多。一些不上台面的实习经历和奖项就不要写了。工作跳槽，学校里取得的成绩就不要写在简历里了，显得太 low。留邮箱最好不要留 QQ 邮箱，很多人和我说他们看到留 QQ 邮箱的就不想要，原因还是太 low。

审美很重要。多做简历，提高审美。

6

锁定目标。

你需要了解十种行业才能锁定一个行业。先确定行业再确定职位，一定要注意打破自己的偏见。

多去网站查找行业细分，通过周围的人去了解行业，最主要的是选择你感兴趣的行业，再选择适合你的职位，最后再加入你的专业。

在不同行业，即便是叫着相同名字的岗位也是有区别的。这个过程中，建议你去和专业领域的猎头顾问聊聊，脉脉、领英、猎聘这些网站上都有很好的猎头资源。

不要为了生计选择一份工作，到头来发现干几年就没有了兴致，最后动力不足混日子。

7

面试技巧。

面试之前要做准备，了解岗位需求，为了岗位应该不断调整简历，不可把一份简历当成万金油。全程保持谦虚，不要自作聪明，懂就是懂，不懂就是不懂，不要和面试官起正面冲突。

最好留下面试官的微信或其他联系方式，方便日后咨询和推荐，哪怕只有一个邮箱也好。当年面试腾讯新闻的时候没有被录取，我留下了当时主编的邮箱，两年后跳槽的时候给她发了一封邮件，关于自己两年间的成长，于是我又争取到一次面试的机会。

不要小看细节。细节决定成败。

面试不通过，不要自我怀疑。有时候不是你的原因，有些可能是公司出不起你要的工资，有些可能是你本身真的不适合这个岗位，还有的原因是你太好了，公司觉得留不住你。很多原因在其中，所以不要因为面试不通过就自怨自艾。

总结面试中遇到的问题，积极弥补，比如问你需要问面试官什么问题，我一般都是问公司的结构、部门所处的位置、业务发展方向和前景，这三个比较保险且专业。比如问到你想要多少薪资，你说了之后对方说达不到这些的时候，要阐述自己的原因，以及可以商量的余地，不可过分妥协，也不可过于激进。毕业之后，你永远没有你想象得那么值钱。

8

工作后要多学，掌控资源。

不要觉得自己毕业后就该拿多少元以上的工资，如果你展现了真正的价值，企业是愿意出这个钱的。很多时候都是你自以为你有这个价值，但是对于企业而言你的价值微乎其微。

在北京从事文娱职业，硕士毕业能拿到 5000 元就已经很不错了，非国企、外企之类的企业，硕士毕业生和本科毕业生的工资差距不是很大，对于大多数人而言是达不到自己的工资预期的。

其实这是好事，一开始给你充足的工资，人反而会自傲、自大、懈怠，见过很多毕业生毕业拿到了五位数的薪水后就开始骄傲，两年下来处在飘飘然的状态里，什么都没有积累下来。我十分欣赏大熊老师的一句话：不是比谁笑得声大，是比谁笑得久。

这就像蚕蛹破茧成蝶，经历过艰难就会有日后的亮丽，相反你没经历过那种艰难，一直很顺遂，就会懈怠。人生中，有些弯路要走，有些苦要吃，因为这个有关阅历，有关胸怀，有关眼光。

工作后需要踏实积累资源，资源和能力同样重要。多接触人，多提升实际的业务水平，两者缺一不可。

不要妄自评论一个行业的走势和发展前景，不要被前辈负能量的话干扰，多做多聊多学，掌控资源和核心业务，培养专业性。

当你的技能高到一定程度，资源够优秀时，你很容易在一个衰败的行业里发现新的生机。

没有谁天生就有好工作，好工作都是靠自己努力争取的。

别人可以说你年轻不着急，但你自己却不能这样想

当我们总把自己摆在年轻人的位置上时，很容易忽略掉自身存在的问题：年轻人犯错上帝都可以原谅，却忘了我们已经是一个成年人，担负着成年人的责任。

——七芊

世界上的话分两种：一种叫别人说的客套话，一种叫你真的要听的话。

别人说的很多话，大多是为了宽慰你的情绪。忠言逆耳，那些让你觉得舒服的话未必是真的。

你找不到工作的时候，别人说："你还年轻，不着急。"

你对爱情求而不得的时候，别人说："还有更好的，不着急。"

你失去机会的时候，别人说："还有机会，不着急。"

你思维局限痛苦异常的时候，别人说："没关系，不着急。"

所有的不着急，所有的没关系，不过是让你尽最大的可能平静下

来，思考出解决问题的办法。

而你却天真地认为：是的，我还年轻、不着急，我还有的是时间，我要快乐地生活。你不过是快乐地逃避着，问题依旧在那里，你的内心依旧戴着隐匿的枷锁，得不到解脱。

朋友找不到理想的工作，决定出国留学，考了两次雅思都没有达到过分数线，内心焦躁不安。家人劝她：别着急，今年不行明年再考，你还年轻，有的是时间。

她还真是瞬间心情就好了起来。是啊，她还年轻，然后每天看电视打网游，第一年没考过，第二年接着考。同龄同学有的已经工作两年了，有了社会经验跳槽到更好的公司，有的人研究生毕业有了更好的出路……

大家的人生都进入了下一个阶段，只有她还在貌合神离孜孜不倦地考雅思，最后屡考屡败，不得不去公司上班，终日陷入没能实现出国目标的自我怀疑中。

很多人都告诉年轻人：不要着急，你还年轻。

那不过是句客套话。

大多数过于相信这句话的年轻人都恍恍惚惚虚度了时光，他们似乎有了所谓平和的心态，也在短暂地放下中得到了某种所谓智慧的参悟，可却渐渐失去了主动性，失去了改变自己、改变生活的可能，失去了人生重要的紧迫感。

生活里有很多人打着"年轻"的名义，拖延责任和成长，成为长不大的巨婴，在原地停滞不前。

我刚工作的时候，很多人迁就新人。久而久之，在做事情上很多人会以新人自居，觉得新事物不懂不会也不要紧，慢慢学嘛，优哉游哉地在工作中虚度了一个月的时光。

有位长我几岁的同事语重心长地对我说："二十三岁还很年轻吗？很多和你一样大的人已经自己开了公司，在领域里做得很好了。"那一刻醍醐灌顶。

当我们总把自己摆在年轻人的位置上时，很容易忽略掉自身存在的问题：年轻人犯错上帝都可以原谅，却忘了我们已经是一个成年人，担负着成年人的责任。

二十三岁的时候你认为自己还年轻，二十五岁的时候你认为自己还年轻，三十岁、四十岁的时候你认为自己依然年轻……是的，今天永远是你人生中最年轻的一天，但这并不是拖延成长、放缓速度的借口。因为对于过去而言，这也是你人生中最老的一天，你需要比过去更有责任，更有态度，更加进步。

读者群有一位一心想成为作家的读者，他总是热络亲切地来请教如何成为作家，张口闭口一堆行业名词，看似很懂书圈子里的事情，却不见他写一篇文章。我建议他尝试着每天写一篇，多写多练，主动联系编辑。他却说自己坚持不住，不知道要写些什么，日后慢慢积累吧。

有一天，他又热络地发给我一张作家排行榜的截图，得意扬扬地说：你看，大多数成名成功的人都在三十岁左右，所以我不着急。

排行榜中的很多人都是我过去的同事和朋友，他们在二十几岁的时候就开始写，有的写了五年才出书，才一举成为畅销书作家。

很多人三十岁会成功,并不是因为三十岁那个节点适合成功,而是缘于他从二十岁到三十岁之间这十年来的积累。

如果你二十几岁什么都不做,没有持续有针对性的努力,三十岁还是会和二十岁一样一无所有,时间除了把你变老,什么也没有改变。

韩寒说:"世界上有太多的能人,你以为的极限弄不好只是别人的起点,只有不停地进取才能不丢人,人可以不上学,但是一定要学习。我的高中老师听到我这么说一定会很欣慰的,但当时我也是这么想的,只是他们不懂我。"

因为不懂,所以盲目地让年轻人安静、沉淀、积累。

急躁和急切是不一样的。急躁之人,目标锁定在困扰本身,沉溺在困扰所带来的痛苦之中,不去尝试找寻解决问题的方法。急切之人,目标锁定在问题背后的矛盾,他们更关注解决问题的方法,同时不会因为急躁而放弃解决问题。

人们总是过于迷信时间的积累,不愿相信年轻人的努力。

《女王乔安》里男主人公对乔安说:"你为什么不能和她们一样,老老实实地进入公司上班,然后按部就班地工作,等着升职加薪?"

乔安说:"等牙掉了才去吃龙虾,满脸皱纹了才去用护肤品?我必须着急,因为大多数人都错过了他们人生中最好的时光。"

我们总是在思想意识中偏激地认为,人越早成功越容易登高跌重。很多年轻人心存畏惧,打着我到什么年龄才配成功的旗号,拖延着努力,总是不能拼尽全力得以释放。

如果你拼尽全力,为什么不能在最好的时光拥有人生的美好呢?

你是什么水平的人，就进什么水平的公司

你是什么水平的人，就在什么位置。不管你多么自命不凡，多么不甘心，正视自己此时真正的水平，才能有真正意义上的突破。

——七芊

刚毕业的时候不知道社会是什么，对这个妖魔化的词充满恐惧的同时，又要装作十分勇敢的样子，恐怕是每个毕业生的必经之路。

每个人都会在毕业时面临迷茫，因为我们不清楚社会的需求，不清楚自己的发展方向。不管是一流名校毕业学生还是普通学校毕业学生，我们都面临同样的问题：我该去做些什么？

我采访知名博主Scalers的时候，他对我说，当他清华研究生毕业的时候，比本科毕业的时候更加迷茫。因为看似可以做很多事情，可究竟能去做什么，谁也不知道，也没人告诉你。那时候他唯一能做的就是各种实习，各种面试，一个一个尝试，多去了解。最后选择的

工作反而是之前没有尝试过的，这也不算是弯路，只能说是排除了很多不适合自己的选择，最后做了一个稳妥的选择罢了。

我当时追加了一个问题：你觉得人在面临选择迷茫的时候应该怎样做？

Scalers 回答：不要多想，做得快一点儿，就算一个一个排除，也能尽快找到答案。

我发现社会是公平的，在很多问题上，处在同一阶段的人面对的问题都是相同的，但是每个人的视野决定他们选择不同，最后结果也不同。

仔细思索，社会最公平的地方就是它可以摘除人身上许多掩饰自己虚空的光环，你会发现真正重要的从来不是名校，从来不是你过往骄傲的成绩和作为。

真正重要的是你这个人身上真真正正积累下来的品格、习惯、审美、思维方式、行为方式，这些才决定了你一开始在社会中的地位和层次。

毕业的时候心心念念想进的大公司总以各种各样的理由拒绝了我，事后想想自己当年确实不具备那样的实力和审美，不够那个层次，就到不了那个位置。

工作几年后，领悟到一些东西的时候，再回头看那个职位，也觉得没有什么过于执着的必要了。当你超越了这个职位所需要的技能时，就能看到更广阔的学习空间，你的目标就会转移到下一阶段。你的能力在什么层次，你的审美和要求就在什么层次，你就进什么样的公司，遇见什么样的人。

朋友是一家小型互联网公司的记者，底薪很低。他觉得自己特别棒，不断地想跳槽，在求职面试中总是被拒绝，后来悲观不已，觉得自己怀才不遇。我帮他推荐过几次工作，所有的面试官朋友给我的反馈大同小异。

作为记者而言，他的稿子毫无新意，没有与时俱进的阅读习惯。他从不深入研究写作方法，所以没有自己的写作风格。他有严重的拖延症，情绪悲观，不思进取。在做事的方面，他不是一个很聪明很会做事的人，经常是自己努力一番，完全不借助外界的任何力量，瞎琢磨一番，然后没有结果就自怨自艾。

这样的人把自己的失败归咎于没有名校的头衔，社会不平等、不科学。换句话说，你就是这个水平的人，不要幻想自己西装革履参加商业酒会成为首席发言人，你同那个形象之间差了无数个行为习惯、思维方式、态度方法、做事结果。

所以朋友想进知名公司却进不去的原因是：他不具备那样的能力。

公司不以大小论层次，人以思维方式和行动方式产生的结果论高低。

认识一位1994年的毕业生，刚毕业就做了公司的主管。小姑娘毕业后进入了一家创业小公司，公司环境差，创业艰苦，但她硬是在几个月内就将公司的新媒体账号从十几万粉丝运营到了几百万粉丝。小小年纪，刚毕业就和那些工作五六年的人平起平坐，这背后离不开对工作方法的研究。

相反，很多毕业生走入工作岗位的时候，向我阐述求职困惑的时候，第一件考虑的事情就是公司的光环，我要进××公司，非常骄傲，感觉像是千军万马过独木桥，自己的实力被证实了一般。

如果只是出于公司的名声，不考虑职位的实际匹配，日后也没有太多的成绩。你不是做事的人，你只看中了光环，就算把你放在做事的公司，你也改变不了懒散的状态，慢慢也会成为被淘汰的人。

你是什么样层次的人，你就在什么样的位置，因为做选择的初衷和犹豫点就是一个人层次水平的体现。

虽然现在的一切很可能不是你想要的，但是当你仔细观察周围的人，还是会发现你和他们身上有相同的劣根性，从某种意义上讲：人都是因为某些相同的东西才会在一起。

一位咨询者经常抱怨所在公司的不好，同事没有眼界，没有共同语言，为此她几乎觉得自己是个很失败的人。但是聚在一起的人只能说层次相近，水平仍然有高下之分，每个人各自的优势决定了自己将会走多远，走多高。

水平是可以提升的。你可以选择换个环境，换到你心仪的位置上，但等你换到了同等认知水平上你能选择到的最好的位置时，你会发现，再往上走，除了主动，除了改变，除了学习，没有其他方法。

江疏影在演讲里说：真正充实的人生就是一个不断在逼你主动的过程。

我听过很多人抱怨他们不属于眼下的生活，但他们往往忽略了自己真实的水平，这种水平包括的就是他们日常的思维习惯、情绪管理、业务能力等，其实就是人的人格属性。

人格属性就是摘除了那些虚无的光环后，你是个怎样个性和行为的人。

正视自己的人格属性，正视现在所处的阶段，有很多事情是有转机的。最可怕的是一辈子都在憧憬别人来拯救自己，一辈子都与周遭的环境格格不入，却从不考虑自己的水平问题。

承认眼下的生活是因为你是这个水平的人，不抱有高于眼下的众生的视角才有可能在真正意义上找到解决问题的办法，从而更进一步。

有什么样的面试官，就有什么样的企业

工作是一个双向选择的过程：面试官在面试你，你也在面试他。

——七芊

工作是一个双向选择的过程，你可以通过面试官看到他背后的企业。有什么样的企业，就有什么样的面试官。

什么样的面试官，你看到他，就可以转身离开另寻他家？

1

行为举止懒散不规范，装扮不合适。

我遇到过一位女HR，她从进入会议室的那一刻起，就跷起了二郎腿。全程问问题时没看我一眼，其间还掸衣服上的灰，拿纸巾擦鞋。

这种面试官全程都没有一个尊重面试者的态度，满满一副你没有资格和我谈条件的样子，这种行为不规范的举止降低了我对企业的认可度。从被面试者的角度，我不会考虑这家企业。

有些面试官可能是部门的领导，上班时着装非常随意。

有的时候，人的精神状态就是通过面相、着装展现出来的。你看到一个着装不拘小节、满脸倦容、说话尖酸刻薄的人，你很难想象出跟着他工作能获得什么正向的引导。

看你的领导就知道你日后发展到这个位置的时候是什么样子。有的领导相处后会让你产生一种绝望的感觉，这种岗位就算我再喜欢，我也不会选择，跟对人有时候比做对事更重要。

2

彼下我上，态度傲慢。

面试一家国企的时候，对方单手递给我一张名片，我接过来，他对我说："你抄下我的联系方式和邮箱，把我给你说的这些内容写一下，发邮件给我。"

一张名片，对方不送给我，而是让我抄一下。

这样的面试官反映了企业的观念问题，如果企业不尊重年轻人，它的发展岌岌可危，你为什么要选择它。

我毕业那年面试腾讯新闻的时候，主编温文尔雅、举止优雅、着装得体，问的问题也很专业。她当时双手递给我一张名片，那个时候我资历尚浅，只是个刚毕业的"小白"，但是我永远记得那种尊重。

3

问题不专业,瞧不起你之前所在的企业,又不断窃取企业的内部信息。

在面试中让我反感的一点是,面试官鄙视我之前所在的企业,刺探内部情报。比如公司的内部构造、模式、项目、流程,最主要的是这些与岗位所需并没有多大关系。

对方问的很多问题已经超出了职位需求范围,上升到一个窃取企业内部信息的层面。

面试官总是在引导我说出之前所在企业不好的地方,这种做法让我对企业的印象大打折扣。

我很欣赏百度的小组面试法,这个团队的组员都来面试你,你可以见到所有人,在最短时间内了解这个岗位、这个团队在做的事情。每个人都向你提问,问及专业问题,并不过多地刺探你之前所在公司的状况,更多地从所需职位的角度来了解你。

4

回避谈钱,总讲情怀。

我的一位朋友为了一个岗位面试了四个小时,一个礼拜去了两次,面试官还没有谈到薪资问题。朋友果断地答应了另一家企业的要求,他的理由是:犹犹豫豫、不商讨薪资,他怀疑企业的诚意。

知乎大V纽约老李校长说:"和你谈前景、谈发展,却不谈钱的企业都是狗屁。讲再多的烂情怀还不是为了廉价用你?"

当你面试了很多企业时,你会发现面试官的能力也有高低之分,就如同他们见过很多求职者，求职者的能力也有高低之分是一个道理。工作是个双向选择的过程，面试官在选择你的同时你也有主动权和决定权去选择岗位和企业。

曾经比你差的人现在比你优秀有什么不可以

时间花在哪里是看得见的,所以比你优秀有什么不可以。

——七芊

鼹鼠的土豆和特立独行的猫都曾说过:时间用在哪里是看得见的。

意思就是时间用在什么地方就会在什么地方产生结果。

如果你把时间用在淘宝上,几个月后就会对淘宝店铺的信息有非常精准的把握;如果你把时间用在写作上,几个月后你的写作功底也会有所提升;如果你把时间用在懒散上,几个月后你就会觉得一无所获。

也就是说时间用在什么上,就会有什么样的结果。

所以时间就是揭露一切假象最好的真相。

更大的差距是你们明明花了相同的时间在研究,但是别人的效率总比你高，所以你的好结果总是比别人慢。

世界是公平的，你花了多少时间，用了多少心思，额外做了多少，都是有回报的。

哪有什么谁一定会比谁优秀，谁一定会比别人过得好？不过是每个人的时间侧重点不同而已。这么一看，可以解释任何不平衡的原因了。

你念名校归来，觉得自己理应有更高的起点，看到那些比自己学历低、学校差的人发展得好便心里不平衡。仔细分析，你读书时把时间都放在专业课上，那些在岗位上认真研究的人把时间都放在业务上。你和他在做相同岗位的业务时，能力自然不在一个水平上。

所以没有必要对学历不如自己却发展得很好的人心存不平衡，因为他们的时间花在那里，而你的时间没有花在那里而已。

同事从公司出去之后进入了创业公司，几个月后就辞职回来，口口声声说小公司太不专业，但据我所知有很多人在小公司里做得很好。

未必是你从大公司出去就有多么的牛，你的时间花在大公司的项目上，有的人把时间花在小公司的发展上，所以同去小公司你未必比他们做得更好。

世界上哪有什么天赋可言，不过是别人把你闲散的时光都利用起来了。

听说哪个小朋友天赋异禀，在某些科目上异常优秀，那不一定是天才，也许是你的家长让你睡觉的时候，人家家长正在为他提前启蒙而已。

如果说一流人才靠天赋，二流人才靠方法，那说这话的人往往都是三流的。那些总觉得自己天赋异禀的人往往是做不出什么的。世界是公平的，你可以自己营造很多光环来自命不凡，但真实的结果就是，你的时间用在哪里就在哪里产生结果，任何焦虑、自我说服都是没有用的。

客观规律面前，从来不会有没有原因的结果，时间用在哪里就在哪里产生结果。

为什么大多数人都知道你的问题所在,却从不告诉你

进入社会工作后发现,大多数有能力的人不会浪费自己的时间来教育你。

——七芊

前辈们常说:走入社会后,和你说真心话的人会变少,你的行为举止,甚至说的每一句话都可能在不知不觉中离间了人心,丧失了信任。所以做人不要太透明,要有所保留。

那时候曲解了这句话的意思,只是认为社会复杂、人心险恶,而如今工作了几年,多了不少具体而真诚的感悟。

很多时候困扰你的问题在别人眼里不过是一件很简单的事情,他们甚至知道你的问题出在哪里,但仍不会告诉你,任凭你在困难中挣扎抑郁,也懒得搭救你一把。为什么别人会这样,真的因为他们很坏、很阴险吗?其实不是,大多数的问题还是出现在求问者自己身上。

1

认清一点：不是所有的问题都可以向别人请教，把迷茫困惑不经选择一股脑儿地抛给别人是低情商、低水平的表现，把自己的段位拉低了，很多人就懒得理你了。

没有人有义务要帮你梳理好你的人生，更不会有人帮你做决定。大多数人只能轻轻点拨问题的所在，教你一种思维方式，而你的低水平和低情商让人觉得指导你就是在浪费时间。

不少读者留言，一股脑儿地把困扰他们生活、爱情、工作的所有问题都写了一遍。很多人的问题都不是问题，要工作还是要考研，要不要换工作，负能量压抑怎么办，和男朋友吵架怎么办，遇见讨厌的同事怎么办……

很多都只是他们的牢骚和抱怨，没有回答的意义。

看提问的水平就知道他们从来没有试图去解决问题。问题来了，他们陷入选择的焦虑，从没有深入了解过背后的东西，他们只是想通过简单的询问让别人帮他们解决问题。

这样的人本身行动力差，头脑思维不活跃，知识水平局限，人脉圈子狭窄。即便你知道他们的问题所在，你也不会告诉他们，因为你知道，就算告诉他们，他们不是不懂装懂地附和你，就是说出自己种种做不到的局限，反复和他们解释就是在浪费自己的时间。

一位读者朋友曾经问我，要不要放弃工作出国进修，起初我还是很支持她，结果她说家里不肯出钱，我才知道她二十八九岁还在啃老，瞬间觉得这人低了一档，只是冷淡地说可以挖掘自己的潜力赚钱，不要把希望寄托在父母身上。紧接着，她不断地说她不知道自己的优势是什么，做什么可以赚钱，怎样能赚到出国的钱……

一个人所遇到的大多数问题都可以自己去解决。当你遇到问题的时候，首先，需要仔细分析它，做一切你能做的准备，尝试一切能找到答案的方法；然后，再去向人请教，至少要说明你为了解决这个问题做了哪些努力，实在有一些是你个人之力解决不了的。而不是遇到困难之后，就立刻焦虑痛苦，逃避困难，而是总结好问题后再向别人请教。

把自己的段位拉低了，别人真的就懒得理你了。

2

性格缺陷：自大之至，懦弱之至，顽固之至，孺子不可教也。

孺子可教，才会有贵人，才会有前辈来帮你。仔细观察周围那些相对成功的人士，他们都有好的理解能力和恭谨谦虚的态度。

一些专业人士很容易根据举手投足间的反应来判断一个人。很多时候，人们具有鸵鸟精神，认为自己毫无破绽，却在别人眼里漏洞百出，最后给别人留下了坏印象。

刚刚走入社会的女孩，故事的主体还围绕着学校里的导师和学生，但薪资却要两万元一个月，说自己有这样那样的能力。

这对于工作四五年的人来说是很可笑的。前辈们不去揭穿她，并不是有鼓励她的善心，而是他们知道，这样自大的人就算你告诉她问题所在，她也不会相信，只会觉得你顽固保守。

为什么越来越多"看上去"很有能力的年轻人找不到工作？原因就是他们看不到自己的问题所在。

懦弱之至、犹豫之至、悲观之至、顽固之至都是许多年轻人身上共同的问题，很多人掩藏得好，所以可以得到他人的指导。

有些人毫无保留地暴露自己的幼稚和缺陷，让别人看到。那些看出他们问题的人知道，对于懦弱的人，你告诉他们什么办法，他们依旧懦弱；对于犹豫的人，你告诉他们什么办法，他们多数也是左顾右盼；对于悲观的人，你再怎么去帮助他们，他们依然改不了悲观的个性，依旧不会做出有效行动；顽固的人更不用说了。

人的很多改变都是要发自内心的，这样才有可能获得他人的帮助和指导。当你自己都不自信时，确实很难获得他人的帮助，因为大多数人都会觉得他们帮你就是在浪费时间。

所以，珍惜每一个在你幼稚懦弱时帮助你的贵人。

大多数人即便看到你的问题也不会告诉你问题出在哪里，因为他们懒得在你身上浪费时间，他们从你的个性上可以看出你是不是踏实做事的人，你有没有被他们指导的价值。

小时候，父母让你养成好的性格、好的习惯，就是为了有朝一日，当你独自行走在这个社会上时，你不仅有能力自己解决问题，还能得到别人的欣赏，也能向别人请教问题，别人也愿意回答你。

当你自身的某些能力在不断增强时，当你的行为习惯变得端正时，会有很多人愿意帮你，也愿意毫无保留地告诉你问题的所在。

如何利用跳槽，选择一条正确的路

> 年轻人刚入社会工作的时候可以尝试两年你到底要做什么，但是两年后你必须稳定下来，在你最适合的位置上坚持做到顶峰，否则你日后的人生会因为没有侧重的积累而过得非常艰辛。
>
> ——七芊

张卫健的演讲《叔中鲜》里说："年轻、青春之所以美好，在于它的短暂，而恰恰就是因为它的短暂，所以它无法成为你生命的主流。没错，年轻可以疯狂，可以任性，可以信马由缰，可是疯狂和任性永远无法成为你三十岁到八十岁期间所坚守的信念。"

人不会永远年轻，也不会一直疯狂和任性。对待工作亦是如此，你不能一直频繁地跳槽，一直琢磨你到底想做什么。

我最近见了很多人，他们三十几岁时还在通过投简历的方式频繁地跳槽，依旧没有工作之外额外赚钱的本事。他们没有社会影响力，没有有效的人脉，没有核心的职业价值目标。他们在社会上漂泊，过得不好不坏,有时候想想觉得非常可怜。

我很支持万能的大熊的看法:年轻人刚入社会工作的时候可以尝试两年你到底要做什么,但是两年后你必须稳定下来,在你最适合的位置上坚持做到顶峰,否则你日后的人生会因为没有侧重的积累而过得非常艰辛。

讲几个关于跳槽的干货总结。

1

真正能成就你人生的不是你的想法,也不完全是你的选择,而是你之前的岁月里无意中花了大精力在做的事情。只有行动所积累的结果才能造福职场与选择。

举个特别简单的例子,刚工作的时候每天都在做联络媒体和名人的工作,看似很机械没有用处但也拼命去做。在我跳槽之后,这些人中的好多人都变成了我的大客户。

有时候想想,还真庆幸那段时间的努力,做事的结果就是日后能成就你的东西,更不要说那些长达十几二十几年一直在坚持的事。

因此,在你做任何一个选择之前,一定要考量之前人生花了大精力去做的事情是什么。

没有人一开始就知道自己要什么,大多数人都只有一个大概的目标、大概的感知,然后去行动,根据实践和社会的真实需求去不断调整。调整的过程中势必需要你每个阶段真正积累下什么,人生都是一级一级地进化,只有到了这个位置,有了这些本领,你才能看清下一步怎么走，否则你想是想不出来的。

2

找你最感兴趣的工作，再加入你的专业。

我真的不建议很多人学什么就做什么，因为学的东西和社会需要的东西往往会存在一定的偏差，很多学什么就做什么的人往往因为没有涉及其余领域的知识而在发展中造成视野的局限。

这点我深有感触，小语种毕业生的很多岗位都不是很高端，不是补课班就是各种公司的销售或行政人事。那时候就自己个性而言，觉得这些岗位的发展前景很小，所以毕业的时候我并没有选择进入外企，而是直接选择了自己非常喜欢的互联网读书行业，并且有幸被HR分析适合做市场方面的工作。

3

不要因为没有钱或闲太久而盲目选择一个工作。和领导没有眼缘的工作不要做，跟对人是非常重要的，而且最主要的是你的领导一定要是这个领域里的"大拿"，他才能把你带出来。

有个可以带你的人很重要，自己学习也很重要。我曾经遇到一个面试官，感觉和他很投缘，但是后来发现他并不是这个领域的"大拿"，想到日后交涉的过程中肯定会因为他是产品出身，而我是市场人员的关系，存在对同一事物认知的偏差而产生工作交涉上的困难，所以最终还是选择放弃。

看人的眼力是从一点一滴积累起来的，有时候你觉得很好的 boss 也许只是表面亲切，当然你觉得第一眼就不合适的 boss 最好不要跟着他。一定要找一个在这个领域从事很多年，自己有很多深刻见解并且人品端正的人。

4

打造个人的品牌远比成为企业的螺丝钉重要得多，在工资之外赚钱的能力才是真正的能力。

《自品牌》这本书说得很对，一个人打造自我网络形象的认知将会使陌生的人更加了解你，同时也会让你的公司更加看重你，自我品牌的打造才是职场发展的重中之重。

我见过很多中年人，他们最大的失败莫过于一直单枪匹马，没有打造自我品牌，以至于工作很多年后，离开平台后依旧没有优势。

5

主导性。不要想着谁来帮你，没有人能真正帮得上你，只有你占据主导性才能让人来帮你。

周冲的文章里写"你做我也做，那是我帮你，如果你不做我做，那是我替你"。不要想着谁来救你，给你一个适合的岗位，没有人，真的没有人。

如果你都不知道自己要做什么，也没有人能帮你决定你的人生。你必须自己摸索抉择，然后找人来协助你实现，而不是把目标原封不动地抛给别人。

6

学会核算时间成本是很多事情成功的第一步。

如果你不知道自己坚持多长时间会初步看到成果,如果你对自己银行卡里的钱没有概念,对自己的时间成本没有概念,你是很难做出成绩的。

学习核算时间成本,检测自己持续行动多长时间可以见效,摸索自己与环境之间的规律,往往可以让所有的行动更具目的性和可控性。

7

如何成功跳槽及如何安度跳槽期的学习时间。

分析跳槽公司职位所需的专业技能,按需求修改简历。有很多岗位不是你觉得合适就合适,要综合考量它实际需求的资源、技能等,不要忽视岗位的专业性。

拿读书行业跳槽影视行业来说,如果你是版权跳版权,那么就是对口岗位。因为你需要和作者打交道,但是不同公司版权部的职能细分不太一样,这就涉及不同行业相同职位所需要的技能不同,相同行业相同职位所需求的也可能不同。

所以做简历要从面试官的角度出发,从职位本身的需求出发,看看自己之前的哪些经历可以和职位匹配才是最要紧的,否则你觉得很合适的岗位,对方觉得你不合适,也会遭到无情地淘汰。

找对人内推,找和岗位关系最直接、最近的那个人。内推这种事情是非常搭人情的,如果你找不对人,那后果不堪设想,随便有个人拿什么糊弄你一下,你就可能和改变你命运的岗位擦肩而过。

多结交业内人士,有很多招聘岗位是不会挂在招聘网站上的,而是通过内部人士介绍推荐的方式,也许只是一个组里几个人发朋友圈这种形式进行扩散。

8

在冲动离职后的穷日子如何安度?

做一些力所能及的兼职,很多时候并不一定需要一个大的平台或工作才能实现自己的价值,自己探索一些赚钱的办法也是非常有效的,甚至可能开拓出全新的个人事业。

用脉脉、微博、在行等软件结交人脉,一个人的日子切不可自闭,一定要积极参与社会生活,广泛搜集信息。

离职的日子一定要规划好自己的时间,切不可懒散度日,精神状态崩溃。一定要量化时间,量化自己的目标和节奏,调整健康的状态,更积极地学习专业知识,结交人脉,找到心仪的工作。

一个好的选择一定是因为每个阶段的抉择和成果都是正向的。

愿你通过跳槽找到一条适合自己的路。

Chapter 2

残酷的世界
要你假装毫不费力

残酷的世界为什么要你假装毫不费力

步入社会的你如何重新学习

曾经比你差的人现在比你优秀有什么不可以

职场上最初遇见的人,是否轰炸过你的价值观

敬业是一个人最好的底气

你折腾那么久,却不如原地精进的人

那些创业失败的人,最后去了哪里

曾经觉得很厉害的人不过如此

不要在一个岗位上耗

辞职要快

残酷的世界为什么要你假装毫不费力

你努力得太用力就会显得过于笨拙，别人会迁就你，但是不会给你你想要的机会。

——七芊

有一段时间，一周五天，两天通宵未眠，早晨上班的时候妆都没有化，整个人十分憔悴。然而，在我忙碌的这段时间却什么事都没有做成，反而失去了之前很看重的机会，很是懊恼。

仔细分析一下，症结莫过于工作上的策划方案和一次难能可贵的CEO（首席执行官）访谈。

工作之余，我还是多家平台的线上讲师，自己有各式各样的课程。上班时间不能做自己的事情，业务很多，总是心有惶惶，上班的时候惦记着还没录完的课程，还没做好的访谈，写着写着PPT（演示文稿）就分心了，难以集中精力。

赶上那段时间，某知名平台的课程催得紧，而我又不得要领，越是着急便越是做不好，越是不想拖延便越是郁结。我通宵达旦地赶稿子，即便如此，很看重的 CEO 访谈还是没能及时做出。

后来那位 CEO 对我说："不急，没关系，我看你挺忙的，我们这次合作需要大批量的密集访谈，你时间上不太合适，我们可以下次合作。"

就这样，我失去了一次宝贵的机会。

我很努力了，很努力在协调时间，很努力在争取，但还是失去了这个机会。很多时候，努力得太用力，就会显得过于笨拙，别人会迁就你，但不会给你你想要的机会。机会只属于那些看起来毫不费力就可以做得好的人，只有这样的人，才能让人信服，才能让人放心。

于是我开始理解，理解那些总是在强调自己有这样那样的理由却没有做好事的年轻人。他们嘟着嘴，有着各式各样的理由：我很努力了，都怪……；我是适应不了……

他们每个人都和那个焦躁的我一样，想要很多，却难以承受那样的压力和工作量。到头来很累，做了很多，却没有结果。因为他们太负能量了，内心没有承重，他们不能做到准确估算自己的能量和极限，盲目地接受了超出承受能力范围的任务。

这样为他们带来了更深层次的焦躁，而负能量的情绪，他们又习惯表现出来。当人表现出不自信、焦躁懊恼的时候，他人可以假意地理解你、安慰你，但是在内心会对你的能力和水平进行揣摩，之后他们不会再给你机会。

残酷的社会终有一天让你学会假装毫不费力，高强度地做好所有的事情还要假装游刃有余，不能抱怨一句。因为一旦抱怨出那些来时路上的艰辛，大家就会怀疑，一个机会、一件重要的事情交托给你的可靠性。

一个一点小事都要很努力才能做好的人，没有办法去驾驭更高的格局。

一家公司、一个人，成熟的标志就是可以轻松而专业地做好那些很庞杂的事。只有这样，才能获得更多的机会。这个世界上有能力的人很多，但是机会很少，很多比柴静更有才华的访谈人士，最终没有出名，很多比安东尼写得更好的人，最终没有出书。

这个世界上有太多事，谁来做都可以，只是有的人有这个机会，有的人没有。所以，培养自己不动声色，做个毫不费力的人，才有可能让更多的人信任你，给你别人没有的机会。

那些爱抱怨的往往都是公司的小人物，他们一把岁数也难能升为领导的原因就是他们的言语之中显现出他们不能胜任更高级的工作。

是啊，连眼下的小事都做不好，负能量连连，要如何去做更高级的工作。所以不是作家要你正能量，不是鸡汤要你正能量，而是这个社会的人心，它要求你想要走得更高、得到的更多就要有比别人更坚韧的心性，必须成为那个没那么努力就可以做好事情的人。

我也开始渐渐理解读书时代那些"学霸婊"的做法。

"你为什么会考第一名？"

"我不知道。"

因为一个人，低头做了太多的事，没有办法在一句话之内总结出自己做了什么，所以即便他想要回答，他也不知道从何回答，他只能说不知道。

如何才能成为那个毫不费力的人？

从这些经验教训中，我总结出了如下方法：

1

不要盲目包揽目标和责任。

目标的实现都有个时间，不可以盲目揽下超出自己时间精力的事情。事先预估自己手头上的事情将会占用多长时间，比如我以为写一封绩效邮件十分钟就够了，但是我掐算了几次，每次都需要半小时左右的时间。不要盲目乐观看待自己的时间，过高估量自己。

不要盲目包揽目标和责任，以为自己一晚上就可以完成，一天就可以做完。你所做的每一个决定必须有时间上的估量和积累，为突发状况留时间，盲目包揽目标与责任会带来诚信缺失和内心焦躁。

2

合理安排时间，集中精力在一件事上。

人的精力是有限的，那些一事无成的人总觉得精力是无限的，可到头来什么也没做好。人只能一心一意做一件事，只有全神贯注在这一件事上，才有可能做出好的结果，那些三心二意、双管齐下的，不是比别人慢，就是弄巧成拙了。就算你有再多要实现的目标，也要踏踏实实地一个一个实现。

3

有固定学习思考的时间,进行长时间的知识积累。

没有知识上的积累,慢慢会发现,内心深处非常虚空。这种感觉我也有过,比如别人说什么新鲜事的时候你都不知道,别人谈论什么你都跟不上话题,哪怕是行为举止、说话方式上都有可能面临这样的问题。你不知道什么才是正确的,如何才能提升自己。这种时候,必须有固定学习思考的时间,进行长时间的知识积累。每天坚持学习才能够在与人交谈、做人做事上有所进步,在真实的行动中表现出那种不费力的感觉。

4

多与人交流,了解人。

与书本学不如与人学,那些无用的社交我觉得没有必要,但是社交不能少,因为与人交往的过程中学到的才是最多的,不管是思维知识还是行为举止,都是如此。人能带来机会,但书本不能,人能给你最直接、最准确的帮助。

低头前进的人顾不上言语,只有如此,他们才能站在光鲜亮丽的讲台上去做那个毫不费力就成功的人。

步入社会的你如何重新学习

工作后,无论做什么,想把它做好,都需要不断地学习。

——七芊

以为走入社会就可以摆脱学习考试命运的你会发现一个残酷的事实:工作后,无论做什么,想把它做好,都需要不断地学习。

学生时代解决不了的问题,在日后也会出现类似的问题。学习能力不足,眼界受限,发展到一定阶段便会陷入瓶颈。

没有不适合学习的人,只是你还没有找对学习的方法。

大部分人最容易犯的毛病就是急功近利,希望认真学习一段时间后马上看到效果。一次两次没有预期效果就闹心放弃了,比起立竿见影的效果,首先要保证自己可以游刃有余地坚持下去。

任何一个阶段的学习首先要做的事情就是了解自己。你需要了解自己的核心优势是什么，要拥有一技之长并且精益求精。

简而言之，进行一个阶段的学习并得到好的结果无外乎是这样一个过程：

明确学习的目标和目的—找到自己的核心优势—匹配相应的学习方法。

如何摆正心态在社会里重新培养自己的学习能力，进行有效学习呢？

1

有干劲但是很难看到结果的人，视野狭隘很难顾全大局的人。

适用方法：目标管理法。

对于这一类型的人，他们核心的问题是急功近利，掌控不住自身看见效果的时间，所以适合在时间上做好控制。

德鲁克发明了目标管理法，就是以三个月、三年为期限，严格遵守行动计划，量化行动目标，比如每天读多少书，每周与多少人详谈等。

保持学习的紧迫感是行动有结果的最大前提，所以必须制定目标和完成期限。目标，分为短期目标和长期目标，且不能只在心里想想，更要写在看得见的地方。

定期要检查行动的结果。

2

觉得做事没激情，为学历自卑的人。

适用方法：不请自来学习法。

向相关的专业人士请教，丰富自身并应用于实践当中。

本田的创始人本田宗一郎认为如果没有科学的方法就算再怎么不眠不休地努力也没有成果可言，所以他将学习的知识定向为：只学对工作有用的知识。不是为了掌握新知识而学习，而是为了做什么，然后学习相关的知识。学习的目的性很强的时候，才能不动摇不浪费时间地追求自身的目标。

只要主动对待每一件事，就能变得更加积极。思索问题时，要求自己三秒钟内给出答案，答案往往是模糊不清的；可以要求自己十五秒内给出答案，并选择其中一个作为答案。这种快速的思维训练将有利于形成积极向上的思考状态。

演讲是最能激发人精神状态的好东西，所以时常听演讲、学会演讲也是培养积极个性的好方法。

3

难以养成学习习惯的人，总是借口说事多的人。

适用方法：外界屏蔽法。

注意力不是天生的而是后天锻炼出来的，适用于这种人的方法就是与世隔绝，保证每天有一段时间是自己单独度过的，并且要有不完成目标决不罢休的精神紧迫感。

4

什么都想尝试，非常有自信但却不愿努力的人。

适用方法：限定法。

眼观六路，行动专一，限定自己在一个方面首先取得成绩，在取得成绩的过程中不断学习其他领域的知识。如果一个人只学习本专业领域的知识很容易在看待问题时非常片面，很多事情的成功都需要在多个领域的积累和行动。

5

容易忽视身体重要性的人，正在努力却看不到成效的人。

适用方法：体能强化法。

做任何一件事都需要在了解自己的个性和身体特点的情况下不断锻炼，才能持之以恒。任何脑力劳动都需要体力的支撑，所以流汗运动是最好的选择。跑步是强化身体和精神状态复苏最好的办法。

很多事情如果没有方法就算努力到死也没有结果，所以科学地学习，掌握适合自己的学习方法和心态，才能事半功倍。

任何东西都是可以通过自身的学习和行动来改变的，这才是教育的意义。

职场上最初遇见的人，是否轰炸过你的价值观

给予每个刚进入社会的年轻人无私的帮助和支持，可能会在无形中拯救他们一生。

——七芊

告别了那份知名杂志编辑的实习工作之后，我曾对传媒领域一度失望到不能自拔。机缘巧合之下，我进入了一家跨国公司成了一名外事翻译，进公司那天就是我拿到毕业证的第二天。

这家跨国公司和北京很多国际学校都有合作关系，是最大的跨国教材供应商，这里就是我故事开始的地方。

和我一同工作的人都是海归，办公室里都是美国人、英国人，平常的交流都是用英语。我的一外是日语，英语因此变得别扭起来。

起初真的不太适应，主管给我配备了一个老师，大家都称呼她为Candy。

我喜欢听别人的故事，无论在什么样的工作环境中，我总能听到那些令人回味悠长的人生经历。在此，向那些平凡而伟大的人致敬，为心灵的成长干杯。

1

Candy 有一段别样的经历。她是个可爱的女人，三十多岁，不显年轻，没有好身材，打扮很乡土，说话像个小孩子，刚开始的时候确实受不了这女人的萌点。

她谈了七八年的异地恋，最后因为男方有了第三者而分手。

她莞尔一笑："事后想想，觉得自己真傻，为了这么一个不值得的人异地恋了那么长的时间。这种人嫁给他也没好结果，幸好我及时发现，后来我把当初我记的那些日记都烧了。"

在说到烧日记的时候，即便是已为人妻的她依旧难掩语气的暗淡。生活给了人很多侧面，就如同人给了生活很多侧面一样。

Candy 最终嫁给了踏实的男人，并且为了自己的先生放弃了自己如日中天的事业来到了北京。

鲜有人知，她那辉煌的过去是在一家香港财团做中层主管，薪资比现在多几倍，待遇福利更是天壤之别。

我一直很好奇，那些已经在一个行业里做到一定层次的人为什么要放弃自己的地位和权力，转行踏入一个新的领域，从零开始呢？

她对我说："因为当你已经做到业务纯熟的地步时，你闭着眼睛也可以把那些工作做好，你看不见希望，没有提升的余地。最主要的是，我当初没有实现自己的梦想，所以我觉得人生一定要实现一次。"

我遇见了无数在各自工作领域里做到顶峰，选择重新开始的人。

Garry，高级导游出身，曾经奔波于北京所有的上流酒店，和使馆区的外国人谈生意。Alvin，Zara的高级市场主管。Scott，美国留学归来，主修世界艺术史。Alice，英国留学归来，银行学出身。Brain，英籍华裔，主修多媒体影像技术。Tom，美国人，将周游世界列为人生目标，去过十二个国家，换过二十三份工作……

这些人，他们年龄不小，他们也许不符合社会上各种生活的框架，他们在两个毫不相关的行业里跳槽发展，然而他们却有一个共同的特点，他们不害怕改变，不害怕重新开始。做人，一定要有勇气，不随波逐流是一种习惯。

2

某一天，和主管Alice一起吃饭，得知了她在英国留学的故事。首都经贸大学金融学出身的她赴英国学习银行学，毕业那年赶上经济危机，不得不回国工作，进入了北京的一家银行。

我问她为什么要辞职，她说："太无聊了，我每个月的工作一个星期就可以做完，而且我没有自己的办公电脑，后半个月闲得我都在和朋友逛街。我当时觉得再这么闲下去，整个人就废了，于是还没等我完全融入这份工作时，我就选择了辞职。"

我问她："现在，公司的行情这么不好，你为什么不选择离开呢？"

她说："因为我已经三十岁了，没有资本再去做选择。"

她给我讲了她的家庭，一个地方富庶人家出生的女孩，从小就是优秀的孩子，不费吹灰之力得到了北京户口，有着别样的豪情壮志，典型的努力型富二代。

她的哥哥是个不学无术的少年，大专毕业后被安排到城镇上的电力局，每天喝喝茶水，扯扯闲篇。

当年就业行情不好的时候，家人也说要把她安排到电力局，她愤怒地说："我才不要和你们一样，成天喝茶水呢。"

故事讲到这里，她突然看着我说："现在，哥哥一个月的工资都比我多，老婆孩子热炕头，我觉得他活得挺好的。"

我弱弱地问她："那你后悔吗？"

她说："我只有现在这一条路可以走，我不后悔，这就是我的选择，无论重来多少次，我都会做这个选择。"

超级演说家第二季冠军刘媛媛曾经说："人生是不具有可比性的，有的人生下来就含着金汤匙，有的人出生连父母都没有。"

Alice的人生是含着金汤匙却抛开一切自己奋斗的不平凡的人生。

她三十岁，经历了感情的伤害，想一个人生活，却有高级技术男穷追不舍。她做事认真负责，性格坦率磊落，她的故事让我摆正了很多价值观。

第一，人生是不具有可比性的，正确的选择就是无论你多少次回到那个时候，你都还是会做同样的选择。

第二，成功的人生需要经营，智者借力而行。

看过一个故事，从小优秀的孩子一直读书一直读书，长大后做了普普通通的公务员，老婆孩子热炕头，经常觉得手头紧。从小什么都不是的孩子闯社会，成了大老板，买了学历，公司越开越大，财大气粗。

社会对这个故事的曲解是：读书无用，挣钱要紧。很久以后，我才明白，这个故事的真正含义是经营自己的人生。

有些人先天有很好的条件却因为很多原因浪费了时间，没有抓住机遇，过多激烈的情绪迷惑了他们看待生活和个人发展的眼光，怯懦害怕，不敢去想，不敢去做，最后把所有原因都归结到社会。

一个人，他如果真的很努力地去经营自己的人生，没有一次在命运面前怯懦过、自私过，那么谁能说他的人生是不成功的呢？

凡是不成功的人生，都是没有足够用心去经营。智者永远借力而行，能借父母的力是自强者最大的幸运。

社会上没有一件事是可以独立完成的，你永远只靠自己完成了部分，然后靠合作完成了全局。

3

Garry，一个永远有魅力的男人。高级导游出身的他教会了我年轻人没有资格对社会失望。

他时常对我说："人和人是不一样的。成龙也有烦恼，但人家是在高级会所里忧愁，和你在天桥底下闹心能一样吗？"

我曾一度对社会工作很失望，觉得所有地方都是劳苦大众，满北京都是大裤衩子、趿拉板。我追求的那种优雅富足，仿佛都不存在。我想逃避，重新回学校读书，感觉我的那些生存哲学一下都不适用了。

后来我才知道，并不是不存在，而是我去错了地方，没找对方向。

Garry说："想有钱就要去那些能给你钱的行业，想有名就要去那些能给你名的行业。人不能总在夕阳产业里假想明天的辉煌，你想要的生活一定存在，只是不存在于你眼下的环境里，只要换个环境就可以很轻易地实现梦想。"

人没有资格对社会和人生失望。我们在学校学到的，读书读到的，都是这个社会最正确的东西。

为什么我们要去学习，去读书，去知道那些道理？就是为了以后不被这个社会变异出来的现象所迷惑。

知道很多道理却过不好自己人生的人是因为他们不会用，不会实践那些道理，他们因为社会的表象没有看清楚本质。

4

Tom从某种程度上讲，是给我关怀最多的人，我们时常在办公室里聊天，和这个五十多岁的美国大叔讨论人生方向是件别有趣味的事情。我问他的第一份工作是什么，他笑着说是刷盘子。

他去过很多国家，和我描述了很多地方，告诉我去爱尔兰要买什么，去日本要吃什么，去荷兰要赶在几月份……

和他相处的日子，我觉得我的英语听力暴涨。

我时常在想，为什么外国人活得很潇洒，一生想去哪里就去哪里，而中国人却像活在格子里一样？

通过 Tom 我才懂得，中国人不敢去想，但其实你完全可以拥有另外一种人生，大胆地制定一个世俗都认为不可能的目标，然后发自肺腑证明一定可以实现。

我和 Tom 说了我的经历，实习做过记者、编辑、翻译、教师、自由撰稿人。他说他以为只有美国孩子才会有如此丰富的经历，他觉得我很了不起。可我却黯然地说在走入社会后，很多事和我想的都不一样，我觉得很挫败。他对我说没有一份经历是没有用的。

我们下班的时候一起等公交车，Tom 和我讲他大学时学的是德语，但他非常想做个厨子，于是他去酒店做了五年的厨子，后来去各个国家工作、生活。

他觉得中国的工资待遇不好，没有足够的假期，但是他喜欢和孩子打交道的工作，他从心里认为教育是件非常有意义的事情。

他看出了我的心事，突然对我说：You should follow your heart. You should have a job, you really like it, and get full of energy from it.（你应该追随你的内心。你应该拥有这样一份工作，你非常喜欢这份工作，同时它能给你足够的力量。）

他们每个人都出现在我最挣扎绝望、对社会一无所知的路上，每个人都曾给予我他们人生中参悟出来的道理，虽然不尽适用，但我很感激这群人曾经给予我的眼界与温情。

当你回首的时候，觉得曾经挣扎的日子里，那些别人的道理并不完全都是正确的，一切难以解释的假象都抵不过自身进步的推敲，但有一条是我认为最正确的:无论何时人都不能对社会失望,不能对自己的选择失望,不能对自己坚持的事情存有怀疑。

所谓梦想,并不存在对错,不会一步到位地实现。所以任风吹,任雪来,大胆地经历生活,不断修正,能遇见一切正确的前提是你犯了足够多的错。

敬业是一个人最好的底气

底气从何而来？底气来自人对细枝末节处的认真态度，来自对自身从事岗位专业性的不断深挖、死磕、多角度学习，收获踏实可用的知识及运用知识方法人脉所取得的结果。

——七芊

1

古语常说：人活一口气，佛争一炷香。

早年并不能理解所谓人活一口气的气究竟是什么，偏颇地以为是争气的气，也就是说人活着是为了一个目标，成全尊严，成全梦想，成全自身的价值。

所以，我从小便对那些有理想、有目标的人尤为敬重。这种气像是他们的精气神，因为有了这口气而容光焕发，充满力量。

慢慢地我发现，有的人一辈子都在不断地追寻目标，但是他们身上却没有那种精气神。相反，与人交谈的过程中会不自觉地暴露出自己的胆怯和不自信，思维死角和认知水平的不足。

人活一口气，这口气是他们的力量，应该赋予他们更好的生活态度和信心，引领他们走上更高水平的生活。但是在上述这些人身上我看不到这些，可见这口气也并不是争气的气。

2

一个人如果把实现目标当成人生的全部意义，目的性太强，往往会独善其身，看不到其他的机会，难能从真正意义上学习到所需的专业知识。

太过执着于目标会忽略亲情、友情、爱情，丧失掉自身的生活，因为欲速则不达会打击信心、难能坚持，因此实现目标也会非常困难，以此恶性循环，活得疲倦且狼狈。

朋友的叔叔便是这样一个一生都在追求事业有成的人，甚至为了这样的目标一生都没有好好呵护妻子，没有出钱养育过儿女，一心都奔在能带给他成就感的事业上。

这位叔叔曾经有很好的工作，但是这份工作不能满足他的野心。国企下岗，他义无反顾地投入到下海经商的队伍中，和狐朋狗友混迹江湖，一生坎坷多磨。

他符合大众心理所有关于上进的认知标准，年轻的时候很多人都觉得他一定会成功，但是终其一生，他依然碌碌无为，所赚金钱不够自己维持生活，一把年纪，妻离子散。

很早以前，朋友很佩服自己的叔叔，因为他有很多不一样的见解和想法。

朋友说自己成长的这些年，看过叔叔意气风发时目光炯炯的样子，也见证过他风雨沧桑后破衣烂衫之下，因为生活拮据所带来的胆怯的苍老容颜。

他也曾和很多不明真相的人一样，觉得社会不公平埋没了才华横溢的人。

直到叔叔向朋友提起自己的公司，希望他能够给些相关的建议，他才知道叔叔的问题出在哪里。

叔叔从事的是传统加工制造行业，在三线小城市举步维艰，朋友基于自己工作经历所涉猎的专业知识，给了叔叔一些关于互联网方向发展的建议。

每说一句不慎打击对方不切实际想法的话，便被反驳打断；每提及一个对方未曾涉猎过的新知识，得到的回答都类似：我不会啊，做不到啊，要不你来吧。

后来，朋友索性不说话，默默听着叔叔向他吹嘘投资人来投资等对方觉得很有面子、很能证明自己的事情。

和叔叔生活了几天，朋友发现，他每天疲于奔波却没有结果，晚上回家不读书不学习，倒头便睡。白天做事拖延，把大量的时间都放在与人交谈或思考无用的琐碎之事上。

朋友说："后来我才知道，叔叔的公司连执照都没有，是没有五险一金的廉价雇佣工人组成的作坊。"

那一刻感触很深，叔叔终生一事无成的原因是他一直都在寻觅成就感,所有出发点都是要功成名就,但是他不够敬业,没有真正地去深入研究和学习自己的事业和职业。他以自己不懂为理由拒绝接受和学习新的知识,喜欢推脱责任,希望找一些人替自己做这些事,自己就不需要懂了。

往往因为他不懂相关的知识,只是顽固地相信人情和直觉,容易被假想的喜悦冲昏头脑,到头来屡次被骗。

这点上,注定这位叔叔的事业不会很成功,也注定他折腾一生,慢慢消耗人生的志向和坚忍,最终没有了自信和精气神。

真正把意气风发的青年打败的不是事业的失败,不是时代的机遇,而是他没有踏实积累的底气,没有对自己的专业和事业深入研究、踏实收获的知识,以及运用专业知识取得结果的自信。

3

底气是一个人最基本的信心和力量。人活一口气,活得就应该是底气,因为有了底气,人才会有自信,内心有坚守,不容易悲伤,不容易情绪化,不容易被他人牵制,做什么事情才可能得到预想中的结果。

任何为了追求成就感本身所产生的行为,比如夸大其词、盲目乐观、不能准确地看待自己的位置、做事没有方法、不重质量、不考虑客观受众等,都会消耗掉一个人,而不是成就他。

敬业是一个人最好的底气。底气从何而来?底气来自人对细枝末节处的认真态度,来自对自身岗位专业性的不断深挖、死磕,以及多角度去学习,收获踏实可用的知识及运用知识方法人脉所得到的理想结果。

知名作者祝小兔环游世界，采访世界各地的匠人，在意大利她采访了一位吹玻璃的手艺人。

手艺人告诉她，小的时候他的父亲说："如果你能靠自己的双手制造出精美的东西，那么你可以去任何地方过自己想要的生活。"

所以这位手艺人一辈子都在致力于研究吹玻璃这一件事，并且对这件事精益求精。

他一生获奖无数，也通过这项手艺赚过一些钱，虽然不到大富大贵的地步，但也不会落到贫穷苟且。从他的照片和言语风格里，可以看到那种因为内心深处对于一门技艺的自信带给他的底气，他年过六旬依旧容光焕发。

我每天早上都要坐出租车上班，所以经常和司机聊天。从事这个行业的人大多不是什么富有的人，也不是什么知识分子，往往是这个社会的底层老百姓。

不同的司机有不同的风格，有的车肮脏不堪，一进去便有一股难闻的烟味。司机卫生习惯不佳，生活态度懒散悲观，说个地方也不知道，不会使用手机导航，说几句就能谈道：钱够花就行，人生就是平淡。

从他们的精神状态和言辞表现来看，如果真的把他们和那些功成名就的人放在一起，他们还是会为别人为什么那么有钱、自己为什么这么差而自卑，尽管他们嘴上还是一副事不关己的样子。

因为虚度时光，没有积累下真正的能力和自信，所以他们喜欢夸夸其谈，喜欢吹牛，喜欢偏激地议论，但是仍然掩盖不住他们不够有底气的事实。

我遇到过真正有底气的司机，他的车非常干净，每个月换不同颜色的座椅套，不仅让乘客觉得很舒适，还让自己觉得有新鲜感。下雨天，为了方便乘客，他特别准备了一些形状可爱的小伞筐放在座椅旁边，避免雨伞上的水浸湿乘客的裤子和鞋子。自己没有苹果手机，但是为了方便乘客充电，还特地准备了一条苹果手机的充电线。

他学习外语，研究互联网，坦言自己和乘客学到了很多，并且在一位乘客的帮助下成功开了一家网上水果小店，每天中午去中关村的一处办公区送水果，赚了一些钱，自己觉得非常开心。

司机目光炯炯，谦虚又踏实，一路和我聊了很多知识。这样的人有真正的底气，因为他在做实事，并且从这个过程中不断收获知识、人脉、金钱，他能感觉到自己在不断进步，不断充实。

人活一口气，活的不是吹牛之后伪装出来的自信，而是真正意义上有了底气之后的不卑不亢。

底气和人的社会地位没有关系。很多时候，人们以为自己是因为没有钱所以没有底气，但其实是因为没有底气，所以才没有钱。

没有钱，如果你自信不抱怨，那你可以学习如何赚钱，没有知识也可以不断地学习拥有知识，没有足够高的地位可以不断去争取。

只有人在干实事，在认真对待自己所做的事，不断地尽善尽美。在这个过程中，哪怕是一个螺丝钉一样的岗位和身份，只要你足够认真，不退缩，多方面涉猎、改进、学习，也可以拥有那样目光灼灼的底气。这种底气将带着你不断进步，走上你想要的生活。

4

在我们的生活中,有很多人不够有底气,甚至把底气建立在外部因素上,于是很容易在与人对比的过程中,在遭遇否定的时候,产生自卑、自大等情绪,盲目地否定别人,背地里自怨自艾。

他们抱怨自己劳心劳力,最后赚得却不如××多。事实情况却是自己在工作中负能量连连,焦躁不安,做事没有结果,自以为自己付出很多,其实从成效结果上看什么都没有。

记得小时候,家人大多数都是不太敬业的闲职人员,他们承担不起责任,好逸恶劳,喜欢在背地里议论别人的高收入都来自各式各样的幸运,喜欢说那么累干什么啊,做人就是要清闲。

纵观他们的人生,他们因为从来没有投入过一件事,没有积累起相应的知识、结果、金钱,没有做人做事的底气,在闲散的时光中消耗掉了自信。

在工作岗位上混吃等死,虚度时光,没有踏实技能和成果所积累起来的底气,所以即便表现得非常自大,非常自信,习惯性认为别人没什么了不起,也依旧难掩饰自身的空虚。

工作岗位上遇到过一些把自己吹嘘得很好,打开一看却是"绣花枕头"的人。嘴上说着我要做出怎样怎样的成绩,却经常几个月不见结果,然后看谁都是一副没底气、讨好别人的样子。

别人对你的尊重并不是来源于你的自吹自擂,而是来源于你认真的态度,真正意义上的底气。没有底气的人,纵然说得天花乱坠,纵然很有钱,也依然感觉不到充实和幸福。

人不能骗自己。底气是我们给自己这辈子最重要的根基，因为有了它，我们才有自己的节奏，才不会被别人干扰，不会在价值观各异的世界里失去平衡。

敬业是一个人最好的底气，认真是一个人最大的财富。如果你是学生，你应该尊重你的学业，想方设法学好知识，那样你会有底气，将来走上更高的层次。如果你是工作人员，你就想方设法做好眼下的工作，那样你会有底气看到更有意义的世界。

因为对一件事全身心地投入，让人们有底气做好自己的事，也因此内心有所收获和充实。所有的胆怯自卑不幸福，在内心真正充实面前都将化为乌有。

敬业是一个人最好的底气，如果你什么都没有，跳不出生活的死循环，那你可以从认真对待你的工作开始。

你折腾那么久,却不如原地精进的人

有很多目标,都不如集中全部精力做好一件事。

——七芊

1

前不久,朋友研究生毕业从美国归来,向我讲述她回国之后悲惨的求职经历:喜欢的工作工资高不过 8000 元,还因为美国工作经验与国内岗位需求不符处处受限。

朋友读书的时候因为成绩好,擅长主持,很快成了院系的宠儿,聚光灯下的焦点。

千分之一的保送名额毫无悬念地把她保送到东京大学,让我等这些能申请到立命馆大学就乐呵半宿的人望尘莫及。

在日本读了两年,她又去了美国,在美国排名前十的学校,年年拿奖学金。

留学时在多个牛×公司做过翻译,印象中她是自由女神的缩小版,自带汉白玉底座,四射背光。

我问她有没有想从事的职业方向,她一口气说了四五个,但因为不了解国内的工作情况和社会分工,还处在犹豫挣扎焦虑的阶段。

她惋惜自己过去"东一榔头西一棒子"地尝试,看上去做了很多却没有定向的积累。

如今毕业两年回国工作,想从事的岗位也都是之前没有做过的。企业没有给她这个机会,连她的成绩单都没看一眼,便以工作经验不符拒绝了她。

"那些我觉得很牛×的经历怎么就在他们眼里一文不值了?"

"我折腾那么久,做了那么多,却没有人再叫我女神了。"

2

读书的时候,没有经济压力,时间不紧张,多一些表现的经历,人美会说话,成绩还不差,就显得花枝招展,光芒四射。

那时候的自信带来的是一种假象:我们余生都将这样意气风发,尝试所有向往的人生,接受周围人的赞美与鼓励。于是便很容易忽视,从一个环境到另一个环境,价值的评判标准会发生变化。从校园到社会如此,从一个国家到另一个国家也是如此。

支撑一个人得到社会专业认可并赏识的不仅是那些光鲜亮丽的想法,看似丰富的经历,更重要的是在一个领域深耕所产生的符合社会价值标准的结果。比如你想成为一名万人敬仰的公关大咖，之前在什么岗位上实习，什么公司工作并不重要，重要的是你曾经做过什么拿得出手、震惊社会的项目。比如你想要成为知名作家，之前获过什么样的奖项，写过多少好文章，去过多少牛×的地方实习工作，这些并不是那么重要；重要的是书籍的实际销量，粉丝流量，综合平台的影响力，等等。

社会的很多标准都是硬指标，想要在一个领域里得到更多的认可，就要有符合这个领域的成绩。很多人的问题都是：想法很多，经历很多，却没有集中精力做好一件事。

既想要光环又想要多领域发展，处处都要比周围的人优秀，短时间内是无法实现的。

很多人都被这样的野心撕裂开，承受着巨大的心理落差和精神压力。他们的痛苦在于：我过去这么优秀，为什么你们不知道。

3

随着年龄的增长越来越能体会到，要想在社会上有立足之地，不可以再把大量的时间都放在无尽的浅层尝试上。

有那么多的目标，都不如抓紧时间，集中全部的精力实现最想实现的一件事情。

我是个挺能折腾的人。大一就四处实习，四年下来，把那个城市感兴趣的工作也都尝试得差不多了。写过的几篇访谈，登过杂志报纸的头版头条。可是求职面试还是屡屡碰壁，面试了近百家企业，写了

《毕业生反面面试官技巧二三》《毕业那年,我拿了23个offer》在网络上火了一段时间,可依然没有找到心仪的工作。

那个时候的问题也是日后的很多问题,想做的事情很多,但是不知道从何做起。你做了很多,但方向分散,量变不足以引起质变,结果作用甚小。

工作的前两年都在不断地了解行业内部的细致分工,做一个矩阵一样布局着自己的人生,实现这样的目标,需要了解什么样的知识,掌控什么样的技能,接触哪个领域的人士。每天像只工蚁,周六周日也很少出去玩,满脑子人生规划和未来蓝图。

那个时候真的很着急,虽然不知道在急什么,大抵上和很多年轻人一样,想在年纪轻轻的时候拥有更多。从读书到视频,无外乎想有自己的书,自己的节目,想了解每一个领域的流程、社会化营销推广的手段。正当我默默无闻、坚持行动的时候,一些集中精力写作的朋友,成了百万级的自媒体,拥有了自己的公司,他们随时可以参加各式各样的节目。

慢慢发现,那些专注于在这个领域死磕的人,做出结果的速度要快于我这个多管齐下的人,按照量变引起质变的科学道理,投入的有效时间和精力推进做事的结果。

如果你同时做两件事,那么时间平分,投入的精力平分。人的时间是有限的,所以产生结果的时间会比那些专注死磕的人产生结果的时间慢很多。

专注的人,他们很容易在一个领域做出成绩,他们会在更高的段位完成转型，这种转型就像圆锥理论一样，站在越顶尖的位置，辐射的资源越优质。这可能远比你双管齐下取得结果要好上很多，毕竟这个世界上，有那么多未知的变化，有很多人熬不过漫长的等待和没有结果的时间。那一刻才明白什么叫：慢慢来，比较快。

你每天焦虑不安，身体垮掉，没有娱乐，没有兴趣，精神萎靡，纵然想要挣脱那种生活状态也挣脱不了。

预想到这才明白什么叫：人要有工作也要有生活，身体才是最重要的，真正自在的人一生只做一件事。

人只能全心全意地做一件事，两件事都想做，往往两件事都会被耽误。如果执意要同时做几件事，那么就要有心理准备，实现结果的时间会比较漫长。当然了，如果你足够坚持，最终也会得到很好的结果。

你折腾那么久，却没有人叫你女神，没有得到预期中万人敬仰的尊重，是因为你还没有学会集中精力在一个领域里成为打动别人的那个人。

那些创业失败的人,最后去了哪里

创业成功的概率很小,失败了也不代表一无是处。

——七芊

这似乎是一个一言不合就要创业的时代。

对于大多数被工作逼上绝路的年轻人或在企业待久了准备有所作为的人来说,创业是他们的必经之路。于是电视台有了各式各样创业投资的节目,周围人三三两两拿个PPT就去拉投资,全民创业如火如荼。

每次和猎头朋友聊天,他们都能讲出最近又死了多少创业公司,又有多少公司在大裁员。在经济大环境不好的前提下,就业、择业、创业成了尤为艰难的三件事。

创业圈中流行过一句话:上辈子杀人造孽,这辈子开始创业。

风光无限的 CEO、COO（首席运营官）、总监、经理，在实际工作中并没有那么光鲜亮丽，他们承受着巨大的创业风险和心理压力。

微博知名网红公司梦工厂的 COO 讲述了她本人的一段创业经历。22 岁毕业的她进入了阿里淘宝市场部，23 岁她投资了阿里股票，24 岁坐收 200 万元，于是她决定出来创业。

创业两年，她自己一分钱工资都没有领过，全靠自己的积蓄硬撑着生活。从深圳和北京挖来了过去月薪过万的技术人员，因为自己的表率作用，另两个人也同意降薪创业，没日没夜地开发一款付费聊天软件。

后来发现，男性只需要约炮不需要聊天，女性不肯付费，这款软件很快在天使轮融资结束后难以为继，创业公司濒临破产。18 个月后，公司正式解散。

创业失败之后，她损失了大半的积蓄，更是在自信心上大受打击，陷入了深刻的迷茫中。

再之后她被创业圈中的其他 CEO 看中，来到现在的公司做了COO。谈及同样创业失败的人的最终去处时，她讲了很多名校背景、创业失败后的创业者的惨淡故事。

哥大小姐毕业于哥伦比亚大学，创业失败后，四处求职却没有企业敢收留她。与实际执行层面上的人相比，创业公司 CEO 的技能是决策层面的，在执行上不如一直在执行岗位上做的人，企业不会招一个 CEO的。再度创业又不知道从什么方向开始，融资也会面临巨大的问题。

找不到工作，无法准确自我定位，缺乏自信自我怀疑，经济陷入危机等都是这一阶段可能面临的问题。

谈到创业失败的人的去处，大体上有四个方向。

1

平移到发展公司继续做职业经理人。

那些创业失败的CEO、COO等会继续选择高管路线，因为头衔和身份已经在那个级别，降低身价去做执行并不现实，而且圈子和人脉的搭建也已经基本完成，全部都在各公司的高层。这个时候，创业失败的人会在职业身份上继续选择做职业经理人，也就是高管。

2

降低身份进入大公司。

有不少创业失败的人会利用自身的人脉优势，选择进入知名大企业的部门中，能平移职位的可能性并不大，多半是CEO降为COO，甚至是部门总监等进入大企业。

进入大企业的好处是相对稳定，降低风险，且能接触到更为尖端的行业信息。

3

重新开始创业。

对于很多创业失败的人来说，这一条路大多数人还是会走的，重新调整方向，开始新一轮的融资以创业。

4

打造自己,开始走上培训行业。

对于不少擅长包装自己的创业者,他们会以自己公司的职业经理人的身份走上各大平台的宣讲舞台,在媒体面前抛头露脸,以此开创新的事业。

以上说的是自主创业经理人在创业失败后的大概去向。

那些在创业公司工作的基层人员,其实在创业倒台时的选择就是重新找工作,或者开始自己创业。

不少读者在毕业的时候问我是否要加入创业公司,其实这个问题没有人可以给出准确的答案,因为要根据自身的情况来具体衡量。除了自己的意愿及当时的际遇之外,重要的是考虑创业公司的理念是否完全可以接受,创业公司的前景自己是否真的认可,能不能接受创业公司的工作环境和人际模式,这些都是重要的考量标准。

世界千变万化,搞不好什么时候一个公司、一个行业就没有了,但是人年轻的时候应该去做想做的事,很多机会就是因为犹犹豫豫,没有大胆地展示自己而错过了。

不管你是创业还是做别的事情,不管失败还是成功,天无绝人之路,大胆选择才是最正确的。

创业者就算失败了,也依然会有新的选择,依然可以重新开始。

曾经觉得很厉害的人不过如此

岁月给予我们的眼神是对自己坚定,绝不是对他人诚惶诚恐的崇拜。

——七芊

曾经有很多人,我们在仰视他们,他们在俯视我们,我们献上崇拜的目光,他们报以慈爱的笑容或不屑的眼神。

当有一天,我们走近他们的生活,甚至凌驾于他们生活之上时,发现那种崇拜感瞬间消退,他们也不过如此。

大学时崇拜过一位学长,他的微博主页上有各色各样的国家景点,他穿着时尚的Polo衫和平板鞋,永远那么带感,永远那么有范儿。

毕业之后,他在众人羡慕下留校工作,曾以为那是世界上最好的归宿,所有女孩见到他的时候,眼神里都放着崇拜的光芒。

工作两年后,你月收入到了五位数,他去过的国家,你毫不费力就可以到达，他买的奢侈品，你眼睛不眨就可以刷卡。

你遇到更好的男人，再回头与他比，发现他依旧在大学里做着他的王子，忽悠着那些不懂事的小姑娘，与你身边现在的男人相差甚远。后来，你想，他，不过如此……

工作中遇到过一个强势的前辈，对她唯命是从，哪怕她说得不对，也觉得有道理。天天被她摆弄来，使唤去。

她经常一副很能干、认识很多人的样子，张口闭口经常是这个圈没有她不认识的人，行业道理说得头头是道，什么事情都能解决。

后来她口口声声说跟自己很熟的人，在饭局上对你说："那个×××，只是见过一面。"

那一刻，你会觉得这个前辈不过如此，并没有她自己所说的那么不可一世。

因为是外语控，加之大学期间修了两门外语，第一外语是日语，第二外语是英语。我一直非常向往国际方面的工作，却不知道自己适合什么岗位。

一次偶然的机会，我结识了××公司的一位品牌公关人员，发现她正在做的工作便是自己想要做的事，所以希望对方能给出专业的指导。

对方却一脸倨傲，没说几句就不理我了。

后来，当我成为项目的总负责人，拥有全权策划权的时候才明白，她不过是个活动执行人员，执行老外写好的策划方案。

我们作为甲方，在海外落地了一个项目。当我看到公司巨大的背景板、邀请来的明星、海外优质的推广资源等，都比她在微博里晒出的更高级的那一刻，觉得，她不过如此。

我们觉得一个人很厉害，很多时候只是他表现出来的一种假象，而我们在假象中被蒙蔽了。

那些把自己包装成光芒万丈的人真的就光芒万丈吗？

你或许觉得自己没有他们有钱，没有他们经历丰富，所以他们展示出来的东西，你就应该觉得对，觉得很高级，觉得有道理，觉得充满羡慕或崇拜。但是他们在自己的圈子里并没有宣扬得那么高级，他们其实不过如此，并没有什么特别。

每个人的人生方向本来就是不同的，没有被他人一时一事的强势气场干扰的必要。我们可以从别人的生活中获得启发与力量，但实在没必要降低自己的身价给予对方夸张的崇拜，自卑于自己的不完美。因为禁得住岁月推敲的人，实在太少了。

人对岁月最大的敬意便是不要被别人的价值观和导向过度干扰，打乱自己做事的节奏。

不卑不亢地做自己岂不是更好吗？

把自己的理想做得无与伦比与不可替代不是更重要的事吗？

如果有一天，你真的遇见了自己的偶像，你也应该有这样的态度，敬重又不放低身价，礼貌又不过分亲昵，举杯款款，谈笑风生，末尾一句："我欣赏你。"不再是那些刻意逢迎、诚惶诚恐、瑟瑟缩缩、自我设限。

因为你会发现，真的没有谁那么那么了不起，每个人都有自己的破绽和底牌。我们唯一能做的，就是欣赏别人，同时也欣赏自己，看穿但不揭穿。

每个人生来都会创造价值，最可惜的便是因为沉溺于他人的光芒而忘却了自己也是发光的个体。这个世界上，那些我们曾经难以解释的表象禁不起我们自身进步的推敲……

辞职要快，不要在一个岗位上消耗

如果你不是天才，就做一个屡战屡败、屡败屡战却依然笑对人生挑战的傻瓜，这样也是可以赢的。

——七芊

遇到过很多想要辞职的人，他们的原因各种各样：没发展，人际关系复杂，业务不感兴趣，太忙，太闲，想寻觅新的生活……

北京，是一个什么样的地方？可能下个星期，你身边的人就换了一批新面孔，每个人都在为自己的出路做新的选择。

这个城市没有归属感是很正常的，你永远像是被换血一样，处在不停的变化中。

张晓晗说的那句话真对："这个城市不会因为缺少任何一个零件停止运动，但是我们需要它，不断刷新微博和它保持联系，聚会消费，虚情假意，我们废寝忘食甚至出卖灵魂地吸纳金钱，就是害怕错过一班车,下错一个站,成为一个被淘汰碾碎的人。"

当你体会到不适合的工作对一个人的浪费与折磨时,才会明白什么叫作成就一个人的不是他的天赋,而是他的选择。

一个曾经不如你的人可能因为他的勇敢而走上了康庄大道,而你却因为瑟缩而停滞不前饱尝贫穷与压抑。

比贫穷压抑更折磨的是,你在离开之前有太多的顾虑,比如岗位给你的资源、金钱、地位、安逸等。

你会顾虑新的生活是否得不偿失,要如何支付房租,维持生活,下一个工作目标在哪里。你害怕做错一个选择而成为浪费青春、折腾一路最后丢失自我的人。

所有人可能都在劝你:等找到下家之后再辞职。而只有你知道你在这样的日子里痛不欲生,而这个世界好像就是这么与你为敌:你拼命喜欢的岗位没有 HC(人员预算计划),你不喜欢的岗位又在向你招手。你觉得很适合你的岗位,HR 挑三拣四拒绝你;你觉得瞧不起的岗位,有人却觉得你非常合适⋯⋯

如此反复,你依旧在折磨你的岗位上没有挪窝。

友人在朋友圈里秀着他们的新工作,活跃在世界舞台上。你拿不出任何东西,你厌烦了朋友圈,厌烦了鸡汤,厌烦了那些职业公众号里的大道理,甚至厌烦了你的人生,开始不知道未来的路在哪里,就算你知道,也只有求不得的无力。

如果你想要辞职,就辞吧。不要有后顾之忧,因为你不是运筹帷幄的那种人,你的个性只能绝地反击。等你反击的次数足够多的时候,便成了那个"于无声处听惊雷""棋盘落定方知箕齿断"的前辈,你也会苦口婆心地说:"年轻的时候不要急,生命是用来虚度的。"

这种话都是熬过去的人才有资格说的,而在此之前,你能做的就是不要婆婆妈妈地自我折磨、假装思索,其实那只是在原地焦虑而已。

很多人都说自己的离职是冲动,但其实再将你放在同样的环境里,你还是会做同样的选择。

有时候,冲动是最明智的选择,因为那是直觉为你选的路。

犹豫自己是否要离职的人,并不是真正意义上的精英,真正意义上的精英他们会做好判断,不会轻易开始,也不会轻易结束。他们会在岗位上做得很好,即便是离职,也是运筹帷幄,看准形势,不打无准备之仗。这样的人都是从你这个过程中修炼了很多年的人。

就算你现在不是这样的精英,那又怎么样呢?世界上一定有一个位置能让你静下心来兢兢业业,将你自己变成更优秀的人。难道在一个不适合你的岗位上熬到死你就能成为老司机吗?

《欢乐颂》第一部的最终结尾告诉你:即便大家阶级不同、层次不同,只要找对方法和时机,一样可以得到高于自己原有水平的大幸福。

想辞职就去辞吧!一只表的时间如果是错的,它继续行走的每一分每一秒都是错的,那么如果它停下来,至少有两次一定是对的……

不要让漫长的忍耐磨光了你所有的天赋和优势,不要让时间把那个勇敢的你变得瑟缩又悲观。

如果你离职了,没有合适的工作,可以做些兼职养活自己,多学一些理想职位的技能，赚钱出去旅游放松心情，认真找到适合自己的工作，认认真真地开始，善始善终。

去辞职吧，我支持你不要忍耐，哪怕他们说忍忍就好了。问问你的内心，如果你真正割舍不下事业，就留下来，如果你割舍不下钱财，那余下的人生都会这样苟且……

不管你是怎样的人，都有大胆选择人生的权利。如果主动放弃了这种权利，就放弃了余生所有幸福的可能。

人生是不断探索和行动的，哪怕有人说：天才都是从别人的错误里吸取教训的，只有傻瓜是从自己的错误里吸取教训。

如果你不是天才，就做一个屡战屡败、屡败屡战却依然笑对人生挑战的傻瓜，这样也是可以赢的。

Chapter 3

生活,总会给你带来一些小插曲

为什么你在职场中只有同事,没有朋友

年轻的你如何优化人脉圈子

你是总要和朋友闹掰的那种人吗

如果不联系,再好的朋友也会变成陌生人

朋友圈分组把我们变成了无聊的人

做人一定要聊天

父母培养起你在爱情里的审美有多重要

没想清楚这些,不要来北京

为什么你在职场中只有同事,没有朋友

职场上是可以交到真心朋友的,但要适当地降低期待。小孩子有小孩子的交友方法,成年人有成年人的交友策略,简单地把朋友定义为掏心窝子的对象,看到谁都希望对方是自己的朋友,想让对方无时无刻不理解自己、肯定自己、替自己保守秘密,是一种很不成熟的做法。

——七芊

工作中到底有没有可能和周围的同事成为真正意义上的朋友?

读者的回复无外乎两种:一种咬死说肯定没有;一种犹豫说有,但是不断在为这种友谊增加前提,比如没有利益关系,比如要有度,等等。

可见在大多数人心里,同事和朋友都分得很开,工作上认识的人和朋友有相当大的差距。

究竟是什么让我们对同事产生了心理芥蒂呢?

1

工作环境、业务内容不同造成了思维模式不同,沟通交流产生了

一些障碍。

领英（LinkedIn）中国前总裁沈博阳曾经举过一个例子。一位百度糯米的高管能力很强，但做事总是谨言慎行，过于在乎他人的看法。这源于这位高管之前的工作经历，真是步步险恶，一点一点爬上来的，所以自然而然地养成了这样的思考习惯和做事风格。

人的经历决定了他的思维，不同的思维造就了对同一句话不同的理解力和理解结果。

之前和同事讨论项目工作时，同事无意中聊到了一个男记者，我说对方正好要跳槽去同事之前的公司，随口夸了这位记者几句，说他不但人长得好，稿子写得也有个人特点。

同事之前在国企工作，工作之余的主要爱好就是牵线搭桥。虽然我只是单纯地从传播角度夸了这位男记者，但是同事却理解成我对这个男记者有意思，非常认真地对我说："他真的是个好男人，收了他可以。"

连这种不经意的小事都会出现理解上的偏差，更不用说几个不同背景、不同工作经历的人应对新的时代需求，一起交流开会了。

如果你对朋友的定义是百分之百理解你说的话，很显然这种友谊在职场里期待值过高。

2

玩笑传播，无责任心。

年底做世界大会的时候，发布会现场，一位男同事跑去引导媒体入场，手上的烟一时没来得及熄灭，便请一位女同事帮忙拿一下。

恰巧直属 boss 路过，看到女同事拿烟，便开玩笑说："你居然抽烟。"女同事哭笑不得，玩笑地解释了几句，误会解开，还把 boss 逗得哈哈大笑。

本以为事情就这样过去了。结果不久，办公室里的人都知道这位女同事抽烟，经常拿这件事来打趣她。

另一位同事离婚，心情压抑，无人倾诉，找了个看上去最不会说闲话的老前辈诉苦。

一次下班和老前辈同行，说到同事最近对接的那个栏目组的节目特别好，上线流量很高，老前辈无意之中说出了他离婚的事情。没过多长时间，全办公区的人都知道他离婚了。

在传播消息的层面，同事之间往往是没有责任心的玩笑传播，他们并不知道一件你觉得很重要的事情究竟有多种重要，也并不需要知道事情的真相，就把它当成茶余饭后的一种玩笑，所以没有守口如瓶的责任。

大多数人都认为：既然这个事情你可以说给我听，那么传不传播也就无所谓了。所以，如果把朋友定义为替你保守秘密，倾听你全部的抱怨和委屈，理解你的掏心掏肺。那么很明显，你又有了过高的期待。

3

感知偏差。

过去对接国际业务的两个女同事非常投缘，她们都是从香港中文大学毕业的，后来在美国留学的学校还是邻居，两个人审美相当，共同语言很多。

一个女孩经常在 ins（Instagram）和微博上晒出与另一个女孩的互动状态，还有偶尔在周末一起喝下午茶的照片，很是开心。结果另一个女孩多次在公开场合说，她们只是同事，不是特别熟。

这种情况屡见不鲜，这是友谊的感知偏差。你把对方当成了很好的朋友，对方觉得你其实只是个熟人。所以，如果你把友谊定位成我怎么对你，你就怎么对我，那显然又是在增加自己失望的砝码。

4

超过十个人的公司没有办法实现扁平化管理，和上司做亲密朋友很有风险。

都说职场扁平化管理，但是哪个进入正轨的公司不分级别呢？那些有头有脸的创业公司，稍有点起色就有了管理模式。

大家可想而知，一个级别升到另一个级别有多难。所谓的 leader（领导者），工资会比普通员工高上不少，就算不高，业余补贴也会好很多。

中国实现扁平化管理，只能说在做事态度上没有那么官腔，但是在领导力上，永远要尊重你的 boss 和 leader。

见过一个特别自命不凡的毕业生，上来就要整改公司的业务，经常否定 boss 和 leader 的决定，拿出一套似是而非的方案，没多久就被同事冷落，最后申请离职了。

所以你渴望与 boss 和 leader 成为朋友的前提就是按照他们的心意干活。渴望一开始就与 boss 勾肩搭背、平等交流，风险很大，得不偿失。

职场上是可以交到真心朋友的，但要适当降低期待，小孩子有小孩子的交友方法，成年人有成年人的交友策略。简单地把朋友定义为掏心窝子的对象，看到谁都希望对方是自己的朋友，想让对方无时无刻不理解自己、肯定自己、替自己保守秘密，是一种不成熟的做法。

我们要及时成长，适应社会交友的度和方式。不妨把朋友分类也做得全面一些：酒肉朋友、旅行朋友、知心朋友，发现每个人身上的好，合理利用和发挥他人身上的优点，精进自我，而不是去想方设法地防备对方，慢慢封闭自己。

慢慢你会发现，看到别人的好，朋友就会渐渐多起来，人缘也会好起来。

《你从未真正拼过》这本书里有一句话：只有菜鸟才想着撕。

我在工作领域里结交到的好朋友，有一些确实是身边的同事。

这些朋友的共同特点就是彼此了解，这种了解来源于共事时的风格和态度，来源于文字的展示，来源于很多类似的经历和共同的立场。所以交友的过程是慢慢展现自己获得认可和支持的过程。

没有正确对待自己的工作，正确展现自己，只想要和周围人成为朋友，获得别人的尊重和理解，是一种不可取的态度。

先稳定你的工作，让别人知道你的标签，知道你的可利用价值，再稳定你的性格和爱好，让别人了解你的长处。任何一个环境都会喜欢那些认真做事、懂礼貌、活得有滋味的人。

不要渴望和所有人成为朋友，不要拒绝所有工作领域的同事成为自己的朋友，掏心的朋友不要太多，更不要把这个作为衡量朋友的标准。如果你过去的朋友是承受你发泄的心情，给予你温暖和鼓励的人，那么从现在开始，你要知道朋友是什么。他们是一个阶段可以同行的人。

年轻的你如何优化人脉圈子

"蓬生麻中,不扶而直,白沙在涅,与之俱黑。"意思是你和什么样的人在一起,在一个怎样的环境中,就会受到什么样的影响。

——七芊

和什么样的人在一起,在什么样的环境中生活,你就会被塑造成什么样的人。

很多刚工作不久的年轻人会感觉到社会阶级的束缚,很难遇到理想中的圈子。

那么,一张白纸的你要如何提升自己的人脉圈子呢?

1

你想遇见什么样的人,就去能遇见他们的行业,拥有一个可以让对方正视你,与之对话的位置。

我有过一段在杂志社实习的经历，每天去微博上找一些小作者约稿，很多作者都爱搭不理的。

毕业之后，我进入了知名的互联网公司，日常工作就是为行业里的知名大V做相关的宣传策划。

两者对比产生的感悟是：一个位置有一个位置的眼界，你站在一个地方就有一个地方的资源；你的位置是什么级别，你遇见的人就是什么级别。

年轻人在还没有做出成绩之前，想要在社会上有优质的人脉圈子，首先要有一个合适的身份和社会地位，也就是你的职业头衔。这往往是你没有做出社会公认的成绩之前，最先的一块敲门砖。

2

你认识多少大咖并不重要，重要的是你们能结交到什么程度，所以规范自身的行为习惯是提升交际层次的重中之重。

你因为工作身份拥有了结识他人的机会，换句话说，你是在用自身的被利用价值来换取一张入场券。

如果你不持续地让别人知道你的价值，在日常交往中不彰显自己的价值，不能把虚妄的人脉变成友谊，那么终有一天，你离开岗位的时候能看见世态炎凉。

规范自身的行为习惯是非常必要的，那些不负责任的拖延症，不守时的坏习惯，暴躁易怒的坏情绪，自傲自大的说话方式都需要改正。

真正能在一个领域小有成绩的人,他们共同的特点是对于业务非常认真,对于行为非常规范。你只有符合他们的认知要求时,才有可能得到对方的认可,最容易感染别人的态度就是认真负责,做事有好结果。

3

提升朋友圈层次的目的是吸收更多积极的思想,所以做出让对方认可的成绩才是巩固和拓展高质量圈层的核心。

Papi酱早年的时候想做网红,还去面试知名的影视公司做编剧,但是一直没有得到机会。

后来,她通过吐槽视频火了,多少大佬找她合作可想而知。

4

效果外化有利于阻挡拖后腿的家伙接近你。

有些人将自己工作中的一些高级活动或逼格的旅行照片外化出来的目的除了一些记录作用外,还有就是制造差距感,阻止拖后腿的人靠近。

好的社交圈子可以让你吸收更多的信息,所有牢固的前提都是自身真的有能让其余人欣赏的实力和真正意义上合作的价值。否则,就算混迹各个饭局,和各种大咖看似有交集,也抵不住内心的虚无。人能骗得了别人,但很难骗自己。

你是总要和朋友闹掰的那种人吗

TED演讲里有一句话：幸福的生活，基于良好的人际关系。

——七芊

有首诗的名字叫《你说，后来》：

你说帘外海棠，锦屏鸳鸯，后来庭院春深，咫尺画堂。

你说笛声如诉，费尽思量，后来茶烟尚绿，人影茫茫。

……

讲的大概都是曾经的炽热与眼下的萧条的对比，感叹变化无常的痛苦与酸楚。

很多读者留言说他们感叹友情的变化，维持不住长久的关系，不知道朋友一个个离自己而去的原因。

天蝎座的我真的很长情，哪怕是小时候要好的朋友，二十几年依然没有断了联系，仍然十分亲密。

这篇文章就说说如何保持长久的感情。

1

朋友是用来分享心得与快乐的，不是抱怨的垃圾桶。

我们可能会很自然地把挚友和真爱定位成共苦，多数人都要对方在自己难受的时候陪伴自己共同经历，所以特别容易把自己所有的苦水、困惑、难过等负能量一股脑地倾泻给对方。

负能量会使人压抑，无论是友情还是爱情，大家都希望分享快乐和收获的感觉，完全把对方当成抱怨的垃圾桶，每次都愁眉苦脸地坦诚相待，也实在是关系变得疏远的一大原因。

饶雪漫曾经说："肆无忌惮的真正代价就是彻底失去。"所以自己做一个积极的人，也结交一些同样踏实积极的人，有苦有甜，多分享开心、收获的事，少说些抱怨的话，也是关系稳定的重要因素。

2

朋友关系是平等的，所以平等对话才是最好的交流。

再亲密的朋友也希望从挚友身上获得认可与鼓励。多以鼓励的方式激发朋友的信心，彰显他的优势，而不是直截了当地打着"为你好"的名义去让人不悦与难堪。

朋友之间不要为人师，也不要低头求教，而是完全基于问题的本身讨论，不强迫对方接受或否定，仅仅从得到新思路的角度出发，可以获得更愉快的交流体验。交流是朋友之间最好的相处方式。

我也和朋友闹掰过，曾经有位很好的闺密，我毫无防备地把自己的心事说给她听，但是没有想到，对方每一次都是以批评的态度教育我，年轻的时候因为这件事情很受伤，但又磨不开面子教育对方，后来只好渐行渐远。

己所不欲，勿施于人。人都希望朋友能够在自己身上获得力量，做个可以赋予别人力量的人是一件幸福的事。

3

用变化的眼光看待朋友的变化。

读者 Queen 过去是个成绩不好、黑瘦矮小的女孩子，通过努力成了时尚杂志的知名女模特，没过多久就有了自己的工作室。过去的一些朋友，因为对模特职业不了解，开始嘲笑她整容，造谣她傍大款，心理不平衡的人还在背后说她做"第三者"。

Queen 表示很委屈，不得不和对自己有误会的朋友疏远。

每个人变好了之后都不希望朋友再以过去的眼光审视自己，所以"士别三日，当刮目相待"的道理适用于很多关系。人都希望自己的改变得到认可，没有人喜欢被审视，所以为朋友好的改变而开心是最起码的尊重与礼貌。

4

朋友是用来联络的，来而不往，非礼也。

同事和她的闺密因为工作等原因五年没有联系，五年之后共同认识的人遇到了这位闺密，聊起同事的状况，对方却只是淡淡地说："没什么联系了，当年我们还是挺好的。"

同事听了很难受，她到现在仍把对方当作自己的好朋友，以为自己因为工作等原因所带来的疏忽是可以被原谅的，但却想不到与对方已经如此生疏。

不要抱着好多年不联系还不会生疏的幻想对待过往的朋友关系，时间会让人发生很大的改变，你很可能因为错过一个人的成长片段，不再与之亲密，所以认定是朋友的人还是要联络的。

相互联系才是保持亲密的王道。我至今没有发现那些几年不联系的朋友还能亲密如初的，大多数都只是一方的一厢情愿。

5

朋友是一个独立的个体，你和他都该有自己的生活，求同存异的本质是有条件的宽容。

朋友是独立的个体，所以不该把自己的喜怒哀乐强加在朋友身上，不该由对方决定你的人生走向，所以当你把朋友看成一个独立的个体时，你会非常包容。

与人相处还是简单为主，相互尊重、分享心得与快乐是最重要的部分。理性看待朋友的变化，改变自己对对方的态度，君子之交淡如水，不知不觉就久到了一辈子。

如果不联系,再好的朋友也会变成陌生人

没有人能经历了长久的分别和失联之后依旧亲密无间,那只是你的一厢情愿。

——七芊

经常听读者说:我这个人特别独立,可以一个人做很多事,一点也不惧怕孤独,所以我从不主动联系朋友,都是别人联系我。

听起来酷毙了的个性,其实是恶劣的短板。不联系,再好的朋友也会变成陌生人,没有人可以在完全不同的生活圈子里完全隔绝后还保有默契,唯一有的只是愿意理解的心情,但是受限于环境和经历对人的改变,默契也总是在渐渐消退。

叶先生是我们小团体的一分子,读书时代几个人甚是要好。

一切都发生在我们工作之后。叶先生考了公务员,进入了家乡某个街道办事处,每天无所事事,日子清闲自得。

我刚到北京的时候并不顺利，还是个需要考虑下个月房租自己是否交得起的毕业生，处在人生中想成熟却无论怎样都成熟不起来的挣扎阶段。

和叶先生讲述自己在北京的生活故事，得到的却是他的一番奚落。

岁月给予了我们不同的工作环境，渐渐地，也挖空了我们对彼此的理解。

再好的朋友，如果你不和他联系，他就会错过你人生的某个阶段，再不能准确地把握你的变化。如果这个时候他因为个人经历或不正确的生活方式造成了信息闭塞，缺乏对外界生活的认可和肯定，那么你们渐渐就会走在两条路上，两条可能不会再重叠的路上……

毕业两年的时候，总是害怕别人比自己进步更快，所以丝毫不敢松懈，工作上有了些成果，工资翻了两倍。

听朋友们说叶先生渐渐被清闲挖空了自己，整个人的精神状态越来越差，越来越偏激，别人说什么他都觉得是在炫耀，经常泼冷水。

后来，小团体里的一些人出了国，去了更大的城市，有的从事了更尖端的行业。再聚会的时候，发现了彼此的变化，叶先生讲的故事不再有趣，我们讲的事情，他也渐渐听不懂。后来聚会，叶先生便也不再来了。

其实不是别人变坏了，而是你被别人甩开了。这个世界上每个人每天都在向前走，得到适合自己付出的报酬是理所应当的，而得到回报的人只会让自己变得更好，只是你们的层次被拉开了，看到不同的世界，便会有不同的思维方式与行为方式。

有时候想感叹岁月是把杀猪刀，才明白那句：所有真正剩下来的朋友都是殊途同归。这里的殊途同归是共同进步，彼此愿意付出、理解、肯定。然而后来你发现，能保有理解便已经是很困难的事情了。

不得不承认，工作性质很大程度上决定了一个人的眼界和交友质量。如果这个人没有搜集信息的能力和交友的能力，只会越来越闭塞。多联系朋友，听听他们的生活，多学习新的知识，丰富自己。

不管你有多酷炫的个性，都不应该疏忽过去的朋友，与老朋友共同进步，保持理解；与新朋友志同道合，开创新生活。朋友需要累加而不是清零。

朋友圈分组把我们变成了无聊的人

羞于展现自己的人会错过很多的机会。

——七芊

越来越多的人关闭了自己的朋友圈,美其名曰不想活在朋友圈之中,他们渐渐倾向于不对外展现自己。

古典老师在《拆掉思维里的墙》这本书中说:这个时代,就算是三顾茅庐,诸葛亮也需要微博、微信才能被人发现。

我们了解一个人,就是从他的社交媒体之中对其进行简单的定义,包括这个人的审美水平和日常接触的圈子。

翻开一个人的朋友圈,低质量的文章分享,没有水平的摄影图片,极少的状态发布……大家只会莫名觉得这个人的精神状态不好,思维态度不积极,生活无聊,这些印象都和你自以为的低调大相径庭。

参加了插坐学院的 CEO 新媒体战略课程，总裁们在交流如何能招到合适的新媒体人，他们说面试的时候问面试者关注什么样的账号就可以了，看看他的朋友圈和社交网站的信息大体上就有了判断。

任凭你嘴上说自己如何优秀，如何有本事，社交媒体上没有你的任何一点佐证和展示，别人还是不会了解你。不了解你不要紧，误解你就得不偿失了。

羞于展示自己的人会错过很多的机会。

我刚工作的时候，因为平台资源的原因，朋友圈中多了许多行业内的泰斗。初出茅庐的我非常不自信，唯恐自己会说错话做错事，于是朋友圈分组，很多内容都是这些人不可见的。

久而久之，我习惯了在所有事情上都屏蔽这些人，以至于几年之后，这些人对我的印象还是初出茅庐的小丫头，没有发现我的变化。很多人更是因为没有了业务往来而删除了我，而我其实进入了更好的公司，在一些平台授课演讲，写文章也有了一小批固定读者，在很多方面有了明显的进步。自己过去总觉得这些小事不值一提，却发现很多和这些小事的相关的机会与好运因此跟我失之交臂。

和中央电视台的制片人娟姐一起做节目的时候，她说如果同样的节目我为什么不去找×××，她做过……我当时很诧异，因为她所说的这些事情我都做过，只是她不知道。

之前的编辑朋友对我的印象还停留在两年前我做市场编辑的时候，所以在我想出书的时候，她习惯性地推辞说你可以等等。

我一看她手机里我的朋友圈，发现状态还停留在 2015 年。是的，你不大胆地展现自己,没有人有义务去挖掘你的才华。

过去工作里,分明有自己非常擅长的领域和工作,到最后领导却分配给完全不擅长的人去做。你或许为此愤愤不平,但最终会发现你无从抱怨,因为你的领导不知道你擅长。

有的人二十三岁苦逼地海投简历,胆怯瑟缩地祈祷有人收留自己。有的人二十三岁被总裁推荐,顺风顺水地站在最好的位置。

知名的人力分析师廖舒祺老师对我说:"人想要在年轻的时候得到机会,除了做事的结果,更重要的是在圈子的资源中大胆展现自己。那些比你段位高的人也都很希望可以挖掘新人来跟着自己,人都只能提拔自己遇见的人,只能提拔他们了解的人。"

这个世界上每一个人都可能因为不够了解我们而盲目地下判断,阻碍我们的发展。

不要打着低调的旗号丧失生活的激情和对自身的信心。酒香就怕巷子深,如果我们发自内心地热爱自己和生活,我们应该让别人了解这样平凡的我们也有不平凡的一面……

年轻没有那么多时间可以真正供一个人慢慢来,MagJay 在 TED 的演讲《二十几岁应该怎样度过》里说过这样几句话。

Dating in my 20s was like musical chairs.Everybody was running around and having fun, but then sometime around 30 it was like the music turned of found everybody started sitting down. I didn't want to be the only one left standing up.

(二十几岁的时候谈恋爱就像玩抢椅子的游戏。每个人都东奔西跑地玩乐,但是三十岁左右时音乐停止了,大家一个接着一个开始坐下,我不想成为唯一一个站着的人。)

虚度了二十几年的时间,你会突然发现,自己站在了一个莫名的起点上,你周围的人已经有了很大的变化,他们似乎都过着很好的生活,而你却成了孤零零的一个。

原来我们说少壮不努力,老大徒伤悲。现在我们说年轻人不要急,要踏实积累,慢慢沉淀。

在别人告诉你你还有时间的时候,你要的不是真正相信你还有很多时间,而是默默放下急躁的心情去尝试思考并解决问题,转头告诉自己:即便如此,我也不该虚度年轻的时光。

做人一定要聊天

做人一定要聊天,不要孤军奋战。

——七芊

我给自己24岁生日的寄语是:做人一定要聊天。

回想起自己的成长经历,是很少和人聊天的。我所理解的聊天是你能从谈话里收获到触动自己的内容,这样的聊天才是有意义的。

"90后"这一代,多数都是独生子女。父母事业心极强,找个说话的人很不容易,加上应试教育,这种与人聊天的技能越来越钝化。

工作后的一段时间,我总是低头猛干,不会和业界精英聊天,做事的方法很笨,吃了不少亏,毕业后的第一份工作也因为这样辞职了。

很多错误都是自己走过之后才知道怎么解决,如果那个时候可以多和一些前辈交流,多听指导,会顺畅很多。

赵薇说她不经常读书,她只喜欢与人学。

与人学会让你在第一时间迅速掌握核心且有针对性的技巧,所以说读万卷书也需要名师指路。

当然,聊天也是有风险的,比如对方会不会在第一时间信任你,会不会怀疑你,等等。

最主要是自己态度要真诚,真为对方办事,以期互利共赢。

和什么样的人聊天,你仔细思索,都能收获很多东西。比如和做HR的同学聊天,便知道公积金是可以取出来的,医疗保险也是可以取出来的;比如和业界大牛一起聊天,可以学习到营销知识,如何打公关战;比如和一些老同事聊天,可以知道很多公司的故事……

出击必胜的上帝视角很大程度上源于信息的搜集和提炼。拓展信息渠道是很有必要的,这就需要你敢于与人聊天,通过各种渠道来搜集信息。

一个人掌握越多的技能信息,思维越开阔,自身产生价值的点就越多。一个可以持续输出价值的人,钱不过是这个价值的附属品,根本不用担心它会少。

"90后"的小凡和小爽同时入职。小凡是个热爱学习的人,业余接触很多社群营销的大佬,自己也做起了写作社群,积极拓展渠道进行宣传。没多长时间,小凡的社群就做到了三四千人,每个月收入四五万元。

小爽每天工作之后放松休息,省吃俭用,不与外界交流,不能获取新鲜的信息和知识,没有其他赚钱的渠道。她每天愁工资为什么这么低,在北京入不敷出。

知识就是力量,关注的东西就是你的认知水平,接触的人就是你的生活圈子。

闭门造车的人总想着自己要做一项拿出手的东西才好意思与人交流,却不知道自己所认为的主观态度与客观事实发生了强烈的冲突,往往事倍功半,做不出结果,在自我封闭的过程中消耗信心。

聊天的目的在于打开格局,意识到自己的不足,发现自己未来的发展方向,弥补自身技能的缺失,这才是重点。

总需要知道一些别人不知道的事才有赢在前面的可能。

《格局逆袭》里写得很真实,有很多人庸庸碌碌毫无结果,有很多人他们自视清高却贫穷至极。人身上总是有与自身期望不相符的地方,所以这就是格局和眼光的问题。

最主要的是行动力的问题,知道很多不去做,还是什么都没有。常与人聊天的好处就是刺激你去做,当你看到优秀的人因为具备某种思维,掌控某种技能而越来越好时,你自然而然想和他一样过上那么优质的生活。

如果你不去做,和再多人聊天也没有用,只是浪费时间罢了。多和别人聊天,打破自己固执的思维,格局开阔之后去坚持行动。

这个社会是多元化的,你无法单一地去辨别对与错、好与坏。人成功需要天时地利人和,所以更要获得周围人的力量支持。

做人一定要聊天,不要孤军奋战。

父母培养你对爱情的审美能力有多重要

有时候，父母对于感情的指导可能会带有一些负能量和偏激，但当你冷静地面对，仔细去挖掘其中的正能量内容，就会发现父母培养起你对爱情的审美才是最能让你走入幸福的绝佳秘籍。

——七芊

1

采访知名艺术博主 Saya 的时候，她说因为她从小缺少父母的关爱，所以极端渴望爱情。进入青春期这段时间，她都是从男友身上寻觅这种所谓的爱和安全感的。

患得患失的心态让 Saya 在每一段爱情里都付出全部去讨好对方，结果换来的都是一句：我们分手吧。

出于对爱情的依赖，她坚信治疗失恋最好的方法就是寻找新欢，所以不断地换男友，不断地从过程中索取很多她所谓缺失的"爱"，却每每让自己深陷空虚之中，难能自拔。

Saya 说:"后来长大了,很多事情看清楚了,才觉得自己当时是多么盲目。我开始劝很多有感情问题的人都看开一点儿,要争取在感情中的主动权,要平等地选择感情。"

我们身边总有这样的人,他们经常在爱情里感受不到安全感,患得患失,明明是个靠谱人却多次在爱情中失败。

"因为我的家庭不完整,所以我特别害怕被人抛弃。"

"我男友不在朋友圈发我的照片,他是不是不爱我了?"

"我对他那么好,他为什么还要跟我分手?"

....

爱情所给予的伤害让人有发自内心的恐惧,这样的他们开始反思自己、怀疑自己,去读各式各样的情感文章,按照文章里的套路和思维对待自己的感情,来换取那么一点点的幸运和睿智,但往往在现实生活面前,事与愿违。

其实,父母培养你在爱情中的审美能力远胜于你去和情感博主学习恋爱技巧。

每个人的父母都会或多或少地给子女一些关于爱情的指导。这些指导未必是打开心扉的彻夜长谈,更多的可能是父母对家庭生活、婚姻生活的抱怨,或是对周围爱情事例的危言耸听。

有些指导甚至是非常负能量、偏激的,但是当你冷静地面对,仔细去挖掘其中的正能量内容,就会发现父母培养你对爱情的审美观才是最能让你走入幸福的绝佳秘籍。

2

大学室友家庭贫困,父亲酗酒、暴躁,母亲经常被家暴。室友二十年来一直生活在恐惧之中,所以她找男友的第一点就是脾气好,要上进,家庭富裕无忧。

朋友的母亲非常强势,经常抱怨父亲无能,以至于他的前二十年都生活在母亲永无休止的抱怨之中,感到非常自卑和厌烦,所以他更喜欢温柔的女孩子,更喜欢可以鼓励他、陪伴他的女子。

同事出生在父母和谐的幸福家庭,父亲在不知不觉中渗透给他,女孩子一定要有知识,知书达理,所以他一直对成绩好、高学历的女孩情有独钟。

每个人的家庭都会带给他们一些在父母基础上更加幸福的择偶标准,虽然这些择偶标准在他人眼里未必完全正确,但着实也为这样环境下成长起来的孩子排除掉了一大批让他们无法获得幸福的人。

忽视父母的影响,盲目恋爱、索取感情的人最容易失败和受伤,因为他们迷失了自我的标准。预防悲剧最好的办法不是在悲剧发生之后及时止损,而是一开始就学会选择适合的人。

读者小范曾经喜欢上了"官二代",她说:"就是喜欢穿西装、开跑车、长得帅、外语特别好的。""官二代"完全满足了她的虚荣心,开名车接她下班,买好包送她炫耀。

有一天,"官二代"突然不辞而别,害她痛苦难过,大病不起。

她痛苦不已,从北京跑回家乡待了几个月。这几个月,她无意中观察到自己的爸妈。

她妈半夜饿了想吃饭,捅咕她爸几下,不管多困,她爸立刻起身去厨房做好吃的。她爸想买一双皮鞋,她妈拿着手机在淘宝上挑了一晚。

周末的时候,父母商量着开车去哪家新开的餐馆。

她从来没有留意过这些,父母无形之中给她的原来是这样的幸福审美:微小的事情里平淡地满足。那时候她才发现,她要的不是表面上穿西装、开跑车、会外语的帅哥。她要的是那个心里和父母一样,可以陪她说话,陪她撸串,陪她吃饭,知冷知热的人。

如果她一早就发现这点,也不会被表面的一切蒙蔽,不会为了花言巧语丧失心智,去幻想玛丽苏的爱情,她一早就能从一个人的行为举止中发现这个人是不是她所追求的。

她曾经问"二代":"你有多少女朋友?"

她心里暗想着十个,她可以接受。

"二代"却说:"怎么判定呢?没法判定有多少女朋友。"

她当时很失落,从这句话中就知道"二代"的两性关系复杂,但她还是被他的背景和气场吸引,义无反顾地爱他。

有的人受尽伤害,有的人完全不会有这种经历。在她们的教育里,她们不会喜欢那种人,也不会发生这样的事情。家庭的审美对于人们非常重要,可以有效避免很多错误的选项。

3

读者悠悠和母亲的矛盾很深。

她的母亲为人偏激,父母关系很差,没有一天不在吵架,三天两头闹离婚。

负能量的母亲经常会说很多刺痛她的话，教她要找个有钱人，不要找和父亲一样没出息的人，让她们过苦日子。

她还没有成年的时候，向母亲要钱，哪怕五十块钱都会被母亲骂得狗血淋头。

这样的家庭环境下，悠悠经常和父母吵架，大把的精力都浪费在和父母的对抗上，无暇顾及自己的学业，青春期过得悲悲切切，难能快乐自信。

她母亲对单亲家庭的孩子存有偏见，三令五申她不许和单亲家庭的孩子交往，她非常讨厌母亲的偏见，偏偏就和这样的男孩成为恋人。

男孩对她好，但是限于家庭养成的习惯，对她很小气，总是别别扭扭。

男孩没有安全感，因为害怕被抛弃，所以总是和各样的女孩联系，最后抛弃了她。悠悠痛苦不已。

悠悠的成长环境和家庭教育让她确实没有办法和同样在缺少关爱的环境里长大的、没有安全感的人成为终身伴侣。

她的母亲虽然偏激，但却也是希望自己的孩子过得幸福，她能感觉到自己的孩子和什么样的人在一起会幸福，碍于自己的表达能力，她认为这样的孩子大多不会出生在单亲家庭之中，所以才会说出这样的话。

4

爱情之所以是自私的，是因为能让我们幸福的标准只能是私人订制。

不可以忽视家庭在婚姻中的审美，但也不该抱有偏见。单亲家庭的孩子也很好，不应该被歧视，这种环境成长起来的人仍然很优秀，但是至于是否适合自己还要另作别论。

好的父母会教育你如何选择伴侣，引导你喜欢什么样的人比较靠谱和保险，培养你在这方面的审美，甚至为你营造出这样的教育环境、读书环境、工作环境，但不会干涉你的选择。

一般的父母可能会通过行动和言语盲目地表现出他们的引导。父母想让你嫁个有钱人也并不是单纯地让你嫁个有钱人，而是他们希望你能嫁给一个有赚钱能力的人，不要因为经济条件受苦。

婚姻中抱怨对方的父母并不是单纯地抱怨对方，他们可能希望你日后不要和有这种特质的人结为伴侣，体会和他们一样的痛苦。

每个家庭都会遗传给子女对于爱情的核心审美，而大多数我们受过的伤都是因为忘记了家庭的精神，只记住了表象。

我们都只能和自己遇到的人结婚，只能和自己适合的人过一辈子。唯有参悟透家庭给你的审美，才知道适合自己的人究竟是什么样，不会被对方的外貌、一时一事的语言和表象欺骗。

每个人衡量幸福的标准不同，回到你的家庭中去，站在那个地方，看一看你要什么，你不要什么，再看看未来陪伴你的那个人，他身上有什么。

如果你把一生的希望都放在爱情上，那你一定会失望。

婚姻破裂时常发生，婚姻爱情的伤痛不断，我们无法凭借爱情的激情来判断一个人是否可以和我们共度一生的时候，就回归到我们的家庭中去。那些父母曾经培养起的审美告诉我们，我们要和怎样的人在一起才能得到幸福。

没想清楚这些,不要来北京

> 过去我不能理解北京的好,但是现在我终于理解了它,它和很多城市一样在压榨也在给予。
>
> ——七芊

有些读者的留言我觉得很有意思,他们问我:"为什么那么多在北京工作的人,可能一辈子都买不起北京的房,甚至以此自嘲,却依然要留在北京呢?"

1

多数人对北京是这样的印象:她是这个国家的首都。在这里,交通拥挤,房价很贵,有些人认为这里的生活十分艰难。

对于大众而言,他们看到的新闻都是都市白领不堪压力归乡返程,有人因为种种压力无奈跳地铁的消息。他们看到的电视剧是

《北上广不相信眼泪》,讲尽了职场人的辛酸苦楚,他们记住的是这个地方、这个社会不积极的一面,自然会产生偏颇的看法和思维的局限。

对于大多数不具备专业判断力的受众来讲,感同身受的痛苦远比自己开心更能引起他们的同情心和传播欲望。

我在搜狐视频工作的时候,搜狐新闻的一位编辑告诉我:现在的受众太悲观,新闻标题起得越负能量他们越爱看,阅读量分分钟破十万,起得正能量一点都懒得点开,害她天天挠破头想标题。

信息的制造者在迎合大众品味,信息的受众在被信息教化,所以信息所带来的偏见会慢慢禁锢一个人的思维。你会误以为一个地方都是怎样怎样,一种生活就是怎样怎样,其实它们只是很小的一部分,有很多积极的、更好的一面,只是因为你没有看到过,没有经历过,所以你不相信。

北京和别的城市一样,都蕴藏着无限可能。我周围很多同事都买了房,平时买个LV、Gucci的包包都是家常便饭,不需要刻意存钱。她们没有被包养,有的连男友都没有,家里不是很好也可以过上这样的生活。总结起来就一点,有一技之长,做事认真,持续学习。

打磨一技之长,搭建人脉寻求机会是提升自我价值的核心。

去上海时,见了一位过去做编辑的朋友,我住在她的小家里,房子很温馨,月租五千多元,比小城里一个人的工资还要高。她从事的是传统出版业,总觉得不像是金主行业。在很多和她一样的年轻人都蜗居在一千多元的小次卧里时,我问她收入怎么样。她说女孩子不可以将就活,做好本职工作,多多积累人脉,学习技能,大家肯定她的技能,信任她的能力,慢慢就会有很多其他的活来找她。她一个月靠业余时间做策划,也能赚七八万元,现在还注册了自己的公司。

每年我都会见一个在微博工作时力捧的作者,有些人现在也算名声大振。一位作者曾经对我说,很多和他一起毕业的人在毕业时就选择了离开北京,毕业酒会上很多人都抱怨北京房价高,一个个兀自珍重的样子。他当时在想:就不能多赚点钱吗?

现在他在业余时间运营社群,一年赚了几百万元,也在北京买了房子,并且成了教育领域的知名博主。

如果你对北京,或者对你向往的任何城市心存偏见,认为一辈子在那里只能做人下人,过艰苦的生活,那就不要去。因为你的悲观、思维的局限会限制你的行动,你没有办法认真踏实地学习一项技能,钻研好它,稳定地拓展人脉,寻求机会,增加自身的价值。

钱是自身价值的附属品,没有安心培养好一技之长,走到哪里都没有出头之日,反而在安逸的地方能活得舒服一点。

2

为什么要来北京,这个问题我还真是很仔细地思考过。

马云在《开讲了》这个节目里说:一个人如果没有正确的思想,没有和真正优秀的人在一起,没有持续的努力,那么什么也实现不了。比如你想当世界冠军,你不想训练,不想比赛,不想研究对手的套路,就想当世界冠军,forget it(算了吧)。

我人生的前二十年就像找不到出口的蚂蚁，很辛勤、很有目标，但是没有方法、没有途径、没有帮助自己的人。总是被一种莫名的障碍所束缚，这种束缚可能是我的学业，外界的价值观，家人的不支持等。

来北京的目的就是我有一个梦想，但不知道怎样实现它，不知道在什么平台上，需要怎样的人脉，重点磨炼什么样的技能才能实现它。也是因为这个出发点，我见到了许多有趣的人，让我受益匪浅的人。我的很多目标已经实现了，在这个不断打磨技能、不断学习的过程中，自己也慢慢有了财富的积累。

遇到北大才女瑶瑶的时候，她对我说，她不在乎户口，不在乎薪资，因为认认真真地把一件事做好，这些东西都会来的。越来越多的人在肯定做事的价值，因为他们发现对一件事情专心投入会带来各种附加价值。

人是需要梦想的，梦想是一个人长远的价值。如果你把人生设定在结婚、买房子、生孩子这些每个人注定要经历的过程上，如果你的目标仅仅是在结婚生子房子上，那么你会发现，不管你多么努力，依然是在生存，满满的疲惫，享受不到生活，因为生活的本质是创造价值。

如果你到了北京，或者任何一个你想去的地方，仅仅是为了在那里买个房子，过柴米油盐的生活，而不是为了做成一些事情，为这个社会创造价值，那你不要去，因为你会急功近利，而且会在求而不得的焦躁里没有办法好好做事，变得悲观。买房这种浅显的愿望在其他城市更容易实现，如果你的人生就只有这些要求，那就应该去更容易实现这些要求的地方。

3

如果你来了一段时间就想走，工作就是在混日子，有了高工资就沾沾自喜，那就不要来。

北京有很多人，他们比在小城市的更懒散。他们觉得自己进了知名企业便停止了学习，或者因为胆怯，总是想走。

你会发现过几年你的人脉和技能都只在一个城市里搭建起来，重新开始会非常艰难。因为总是想走，所以没有办法集中精力好好工作，以至于一把年纪依旧一事无成，流离半生。

4

如果你无法承担压力，那么不要来。

承担不了不受认可的压力，工作上独自学习的压力，经济的压力，那你不要来这个城市。因为每个人都需要有一个羽化成蝶的过程，没有这个过程的人是不完整的。

这个城市有千千万万的价值观，她教会了我很多东西，让我看到了很多自己、自己家庭的错处和不足。

我难过的时候喜欢去国贸附近的一家酒吧，那里有个天台，可以看到这个城市川流不息的车辆，看到万家灯火，看到所有繁华和热闹。一个人的孤寂和压力不过是这个城市里很小很小的一点汇聚，微不足道，但也因为渺小，人可以肆无忌惮地充满力量。

真心希望你去一个能让你坚信的城市，过一种你向往的生活。

不要否定任何一个你没有生活过的地方，因为那里依然有很多人的梦想。

Chapter 4

成长是要
与自己握手言和

成熟并不是学会孤独,而是学会如何与孤独和解

你遇到的困难与颜值成正比

阅读偏好正在禁锢着你的思维

每个阶段都有每个阶段的目标

学习能力差的人走入社会该如何拯救

爱情没有变,变得是我们

等待情侣的是不是只有分手

工作异地恋,

旧人勿见,旧事勿念

成熟并不是学会孤独,而是学会如何与孤独和解

> 当你体会到背身悬崖与城市遥遥相望的无助却并不觉得害怕时,你与这个城市就成了很好的朋友。
> ——七芊

每个在大城市打拼的人都会经历一个阶段,那个阶段叫孤独。

一个陌生的城市,一个陌生的环境,一些陌生的同事……仿佛一切都要重新开始,仿佛一切都是未知。

我刚到北京的时候,总是在想如何化解这种孤独,拼命地想去得到这个城市的认可,想钻到灯红酒绿的繁华街区寻觅和自己一样在呼吸的人,却发现越是如此越是走不出那种孤单的束缚。

后来才知道,孤独像是这个城市每个人灵魂深处的另一个自己,没有办法向它宣战,发誓打败它。你能做的便是在它滋生出来的那一刻,与它握手言和,共同成长。

1

大学组建留学生社团时认识了一位学弟。一天一个人下班逛街，无聊地翻看通讯录，想起他今年毕业，拨了个电话给他。电话那头，学弟依旧是那样激动又谦卑的声音："学姐，你最近过得好吗？我来上海了，在DHC的国际采购部。"

几句寒暄之后，学弟对我讲起了他在上海的事："来到上海，我租了一间很便宜的房子，离公司很近，但还是要坐地铁，而且经过上海火车站。有几次上班换乘时，刚下车又生生地被人流挤了上去。"

学弟说："上海节奏太快，刚毕业工资不高，还要上税，工资到手就不剩什么，我没命地加班想要多做些事，多学点东西，能涨涨工资。"我说："刚毕业的时候都是这样，熬两年就好了。"

他说："学姐，有一天我加班加到十点，赶最后一趟地铁回家，到家时饿得饥肠辘辘，我想煮袋方便面。煮了半天，锅突然坏了，看着半生不熟的泡面，那时候心里特别难受。才发现，这个城市只有我一个人，当时真的哭了。"

我说："找个女朋友吧，也许两个人比一个人更好。"

他说："现在的工资连自己都养活不了，就不要耽误人家姑娘了。如果以后周末真的没有事可做，我就去做义工，在那遇到的应该都是好人。"

我听了心里很难受。压抑了几秒钟，他突然话锋一转，开心地对我说："学姐，把你地址给我，我送你一支进口的唇彩，公司内卖！"

我笑了，但还是听到了电话那边他哽咽的声音。

2

她还在日本留学,我们从初中开始就是形影不离的好朋友。

那天,她发给我一篇文章,留言是:9,我曾经被这么说过。

我打开那篇名字叫作《你那么孤独,却说一个人真好》的文章,第9条写道:爸爸妈妈抱着刚出生的弟弟说,咱们家后继有人了。

想起初中的时候,她一直被寄养在姑姑家,后来姑姑去世,她才和父母一起短暂地生活了两三年。后来,她父母去北京工作,带走了弟弟,留下了她。

她一个人住很大的房子,每天叫外卖,我带朋友去找她玩儿,朋友不知趣地说:"你爸妈把你一个人扔在这里,真是放心,多不安全。"

她脸上凝住了尴尬的笑容。

那或许不是她爸妈,而是她爸和她继母。

十几岁的时候,我们坐在我新家的地板上铺了一地的零食,我说:"你是第一个被我邀请来我家玩的朋友。"然后我们各自吐槽父母的种种,她突然停住说:"好歹他们是你的亲生父母。"

事隔很多年,我才读懂她那句话里的孤独,背身悬崖,与全世界遥遥相望的属于少年的无助。

想到这里,我发视频给她,问她:"在日本还好吗?"

她说:"日后绝对不要去日企工作,前辈说什么都是对的,错的也是对的,如果你解释那么就是你的不对。"

我知道,她又受了委屈,在某个打工的夜里被骂,在某个学业压力空前的日子里强颜欢笑。

压抑了几秒，我不知说什么，她突然兴高采烈地向我讲："我最近发现了好用的面膜，推荐给你。"

不经意之间，我看到她的眼圈红了。

3

老白是我的一位读者，更巧的是她是我闺密的大学室友，我们终于在北京相约撸串。

老白说："多吃点儿，我请客。"

老白向我讲了她求职的艰辛之路，一个女程序员的艰难奋斗史，找不到工作，不停地面试，不停地被各种奇葩面试官刷掉，不停地被虐着。她说不想做程序员了，因为觉得再做下去就与这个世界脱轨了，她想做产品经理，却没有企业要她。

她问我："你有没有那种经历，孤独地挣扎、挣扎，你很害怕，这个城市里只有你一个人，你死了怕都没人知道。"

我低下眉眼说："有。"

她沉默了片刻，哈哈大笑说："我给你表演干了这碗爆米花。"

说罢她举起碗，把爆米花倒在嘴里。昂着头，笑着流出了眼泪。

4

还在读研究生的晴仔来了。那天，我们做了四菜一汤，我们俩在厨房折腾了两个小时才吃上饭。

吃饭的时候，我们不停地聊天，像是要把之前没有说过的话都说一遍。一个人口干舌燥就换另一个人说，从工作讲到身边的故事，再讲到最近看的电视，谈天说地，仿佛我们都太久没有与人说过话了，仿佛我们都太久没有见到过可以信赖的人了。

深夜，我们盖同一张被子，聊起感情，她说自己还受初恋的影响。她的签名是：你爱的人杳无音信，全世界都是你的茫茫人海。

我笑着说："新欢才能代替旧爱，一定可以找到一个好男人的。"

她说："去哪找？"

我们沉默了片刻，仿佛陷入了比黑夜更孤独恐怖的黑洞中。那些过往的感情伤害历历在目，那些茫茫人海里无从相遇的焦灼与苦楚在渐渐升腾。

突然，我们居然异口同声地说："还是会找到的。"然后不约而同沉沉睡去。期待下一个明天，也许命运会给我们一些好的转折与改变……

在这个世界上，在陌生的城市里，在茫茫人海中，孤独是一种癌，它可能迸发在任何一个你意想不到的时机，你角角落落的人生里。我们总是习惯在穷尽寂寞的悲伤，习惯在孤独的压抑之后突然急转弯、急刹车，给世界一点儿希望，给他人一点儿欢笑，却不曾想过将曾经的可怜渲染到最大化的壮烈。

多少个孤独的夜里，我们都在想这些问题：究竟为什么会来到这个世界上？为什么会在梦醒时分感叹眼下的生活？为什么在那么多难以解释的现象里苦苦地坚持着自身的信念，挣扎地活出更高的层次？

后来的后来终于明白，孤独这种癌，如果我们不同它对抗，就会被它吞噬；如果我们不心存希望，就会被它搞到崩溃绝望。它像是埋藏在我们身上的定时炸弹，但也因为有了它，可以将过往的苦难与如今的甘甜相比，才有非凡的意义。

如果能在每一个含着眼泪的故事里强迫自己笑出声来，在每一个绝望无助的时刻都能好好笑着，拉着孤独的手与这个广博的世界成为朋友，那么何须惧怕迷茫和未知，又怎会感到不幸福？

你遇到的困难与颜值成正比

不得不承认,长得好看是有优势的,就算你长得不好看,也要学会打扮,让自己变得好看。因为精神面貌好了,你的困难就少了,就算不少,也高级很多。

——七芊

有一段时间喜欢和在国外的朋友聊天,聊一聊国内外的差别和变化。

闺密在做国际教育特论的课题研讨,她想讲一讲关于留学生在国外受歧视的问题,很辛苦地做了调查问卷,收集了30多份不同国家中国留学生的事例。

其中一份的回复是这样的:有一次在红灯区打工,因为日语不好,点餐点慢了,被日本人骂"日语不好就滚出日本"……那时候作为中国人的自尊心真是受到了重创。

我说:"真可怜啊。"

闺密回:"这人你认识,就×班的班长啊。"

我说:"人这辈子遇到的困难和自己的个性及思维方式的认知有很大关系。"

闺密打趣道:"你确定和脸没关系吗?"

我想起了班长那副落魄猥琐相,确实不招人喜欢,哈哈地笑出了声。

脸反映了一个人的精神面貌、对待生活的态度,同时也反映了一个人的内心。

有些人之所以让人觉得不那么舒服或心生厌恶,并不是因为真的丑,而是气质上的低沉反映到了面容上。骨子里呈现出一种萎靡不振,也就是由衷的不自信。

小金领是我的大学同学,之前不会打扮,工作后同事们总是旁敲侧击要她注意点形象。为此她愤愤不平,三番五次说以貌取人的社会套路太深,自己绝对不能被社会的标准定义。但是,这样的想法给她造成了越来越大的困扰。工作上出风头的好事总是轮不到她,同事们无意的嘲笑也时常伤到她的自尊心。

我劝她:"不要倔强,变好看点就不会遇到这么多闹心事了。"

把自己的外表和举止修炼得不卑不亢、美丽大方也是减少麻烦的一种方式。人要和这个社会和谐相处,应该保持内心的平静,做真正有意义的事情,而不是被麻烦事和麻烦人牵扯太多精力。

精神面貌不好、穿衣戴帽没品位、爱买便宜货、邋邋遢遢的人,很难相信她对生活、工作的认真程度有多高,这些人多数都情绪大起大落、马马虎虎、做事很难成功。修炼自己的外表并不是虚荣,而是必要的礼貌。

相由心生，可见修炼外表最重要的还是修炼内心，丰富自己的眼界和学识，提高自己的收入水平，自然而然会有好的精神面貌，你会发现困难在一个状态好的人面前是那样的微不足道。

燕子去日本留学之前是个活泼、不修边幅的女孩子。

到了日本之后，她活泼的个性为她招来了不少麻烦。她打工的日本超市，店长老头不喜欢她大大咧咧的性格，觉得这样的孩子做事不认真，所以经常羞辱她，拖欠她的工资。

在长时间负面压抑的环境里，她的精神状态变得很差，再不复当年的意气风发了，精神面貌也没有原来灵动。这样的她被换到了另一家店，仍然被当成软柿子，被店员欺负。

直到有一天，她决心打破这种负能量的生活循环。她开始强迫自己积极起来，好好读书、参加社交活动、坚持运动、学习化妆。一年多的时间，她整个人变得神采奕奕，大家看到了她的变化，不再奚落她，也积极与她做朋友。

随后她辞掉了超市打工的工作，进入东京一家知名银行实习。

每个人遇到的困难往往都是自己的性格、环境调和的结果，无可否认，每一种性格都会在不同的环境中发生反应，从而遇到不同的困难。

仔细想想，你遇到的多数问题都是性格弱点反映出来的，而你的性格弱点也会反映到你的精神面貌上，也就是说你遇到的困难和你的颜值成正比。

高颜值并不单单是样貌好看，同时也包括内心的底气和积极向上的精神状态。

想要改变眼下的困境，挣脱目前不满意的圈子，最重要的就是改变自己的精神状态。

你吸引而来的人，都与你在某方面有相似之处。

回看历史，有一部分是上进的酸秀才，有一部分是品质低劣的大老粗，但是他们还在一个阶层里，因为贫穷是他们的共同属性。

只有突破了这层属性，才能彻底地摆脱那样的生活圈子。

你上了一个层次，过去那个层次里的困难就不会出现了。

人的认知最开始就是有层次的，这种层次来源于自己的经历积累和父母的经历积累。

有的人在工作岗位上计较一分一毫的得失，有的人在国际舞台上畅所欲言，正是因为眼界不同所以选择不同，人经历的困难也不同。

你所谓的那些血泪横飞的惨痛经验教训对于其他人来说就是废话，因为他们的人生根本不可能遇到这样的困难，因为再给他们多少次选择，他们都不会与你做同样的选择。

改变自己的精神状态需要不断丰富自己的知识架构，不断拓宽自己的生活经历，而不是执着于眼下的困境，兀自沉溺。

尽自己最大的努力打碎顽固，见识更广阔的世界，从经历本身不断丰富、改变自己，然后努力微笑、自信，世界就会变成你想要的样子。

阅读偏好正在禁锢着你的思维

你关注的信息就是你的世界。

——七芊

每个人都有自己的阅读偏好,有的人喜欢小说,有的人喜欢历史书,有的人喜欢畅销书,有的人喜欢经管书……

每个人的阅读偏好决定了他们更加关注哪方面内容,于是我们经常可以听到这样的话:

"最近有本小说很好看。"

"对不起,我不看小说。"

"最近有本××很好。"

"对不起,我对这个不感兴趣。"

人们对关注的内容总是有很强的自我偏好,但是你有没有想过,过于强有力地关注一个领域的内容，会逐渐丧失掉一些其他方面的能力。或者说，其他方面的思维得不到良好的拓展与锻炼。

闺密经常处于一种人生崩溃的边缘，我说给她推荐几本书，也许能给她很大的启发。

她说："我不看讲方法的畅销书。"

我说："那你看什么书呢？"

她说："我只看马克思主义哲学。"

闺密是个容易焦虑的人，经常找不到问题的根结所在。她不关注新闻和新信息，不了解新鲜的知识，当我有意无意和她讲起来的时候，她也经常显得很没耐心。

她依旧在舒适区里兀自焦灼，找不到解决问题的办法。

很多解决问题的办法，让我们活得更好的思维都藏在我们没有关注的内容之中。

很多人对某方面知识吸收的偏好造就了他们的思维。如果一个人始终保持着同一种思维，他们的生活将会面对怎样的结果呢？会陷入一种思维定式之中。不要小看思维定式的影响力。

如果一个人始终认为自己的学历低是短板，他会因为自卑而错过很多逆袭的机会。

如果一个人创业不想着赚钱，就永远不会赚钱。

如果一个人始终认为三十岁才配事业有成，那么他在前三十年是做不出什么成绩的。

如果一个人始终认为他的工作是最牛的，他永远不会看到别的行业的发展先机。

这些都是思维定式。

有些困难很好解决,只要改变一种想法,自然而然就解决了。但是,越来越多的人因为各式各样信息偏好而变得偏执与笨拙,分明有让自己过得更好的方法,都拒绝了。

如果什么东西是你不要接触的,你排斥的,某种意义上讲你失去了一个领域的发展机会,失去了一个丰富自身、发展自己的领域和视角。

久而久之,你会变得封闭而自大,空虚而痛苦,努力也没有结果,陷入求生不得求死不能的生活无力状态。

一个有思维定式的人很容易丧失自己的判断能力,会被一些似是而非的观点带偏。

励志狠文爆棚,大家都在说钱钱钱、女神女神、励志励志的时候,很多人都被这种舆论的引导带偏了。

我采访《时尚芭莎》人物总监祝小兔的时候问道:为什么要创建好好虚度时光这个品牌?这个品牌里的很多人,她们看似与这个时代潮流相悖。大家都在拼命地入世,追求名利的时候,她们却都在拼命地淡出。

小兔说,她和朋友们还是职场小白的时候经常谈理想、谈励志,但等真正意义走过那个过程,见到太多被光鲜亮丽的工作搞得功利熏心、六亲不认、毁掉人生的人时,才会发现很多人都在不断通过工作来寻觅自己的价值。但是人的价值可能在很多方面。我们就是想要做一个品牌,在那些励志品牌之外告诉大家,不要活在别人的价值体系之中，做自己。

其实疯狂追求钱、追求独立与不那么执着于钱、做自己两种观点都对。重点在于你在哪个年龄段，想过哪种生活。所以有一个良好的判断，不被任何偏激群情激昂的东西带偏的前提就是你去涉猎完全相反的观点，做出自己的判断与理解，从众多意识流中分离出最适合自己的活法。

一个人活得舒服需要平衡，走得长远需要平衡。你活得痛苦恰恰是因为打破了某种平衡。

不要总读同一类型的文章，涉猎同一种知识，把自己带到一个偏激、没有个性特点的牛角尖上，那样不利于心理健康，也容易被思维定式吞噬。

每个阶段都有每个阶段的目标

不是社会太功利,而是你总停留在自己的幻想里,不愿意接受世界的规则,不愿意接受自己没有实力的现实。

——七芊

人在老之前是不可以满足的,哪怕有人说知足者常乐。

当你开始知足,开始认为自己现在这样就已经很好了,开始拒绝接受与他人相悖的观点,一副全世界都应该按照你的思维模式运作的样子,这个时候你已经走在落后他人的路上了。

很多咨询者在向我讲述他们的困扰时,所有的困惑都是"我觉得怎样怎样",而不是"世界就是怎样怎样"。

我的一位读者讲述她去法院实习,总试图讨好那些更老的前辈,甚至还主动出钱请他们喝饮料。她想日后也许还会有需要见面的时候,结果后来被那里的很多前辈删了微信,她开始抱怨世界功利。

当你讨好那些前辈的时候，自己的人格就在别人的印象里得到了映射。对于一个只知道讨好，拿不出任何办事态度和成绩的人来说，大家是没有太多容忍度来耽误自己的时间的。

只有那些犹豫不决的落败者才不清楚游戏规则，只知道讲情怀，试图让别人来可怜和鼓励自己。

不是社会太功利，而是你总停留在自己的幻想里，不愿意接受世界的规则，不愿意接受自己没有实力的现实。"你觉得自己很好"和"社会觉得你很好"之间差了十万八千里的结果和证明。

这也是为什么当你还是小人物的时候没有人会听你说什么，当你财大气粗的时候大家就会认为你说得很对。因为你通过努力证明了自己可以很有钱，而你还是小人物的时候什么也没做出来，只剩下自我满足的优越感，为什么大家要重视自我感觉良好的人？

这就是规则。

讲一个我亲眼观察到的关于知足毁人生的例子。

母亲年轻的时候，因为不能给孩子提供任何的经济支撑，所以她的人生缺少了保障，为此她拼命赚钱。她给自己设定了一个宏伟的目标，要在那个年代赚多少多少钱。

在她三十岁的时候，她真的做到了，赚了很多钱。她一下子就满足了，每天懒散度日，找了一个闲职，拒绝学习任何知识，天天只是看看电视。

之后的十年发生了什么呢？物价不断上涨，她因为没有经营好自己的社会地位，这份闲职的工资越来越低，生活压力越来越大，人变得越来越暴躁。

在越来越多同龄人有了更好的赚钱方法和越来越高的职位时,她因常年缺少知识和社交,变得越来越闭塞。

人们都说要理解父母的不容易,但其实纵观父母的人生,他们所有的境况都是他们行动的结果。

如果你愿意下班之后多学一点知识和技能,愿意多研究一些赚钱的方式方法,愿意多多社交来获取更多的信息,总会得到相应的结果的。如果你注重开源节流,也会有很多可观的收益的,可悲的就是每天都像是终于解脱一般回家就休息,不去学习更多的东西,没有目标,懒散度日,最终被生活折磨,还要推脱社会和命运。

真正意义上的"富二代",他们的父母一生都很努力,从来没有时间沉溺于懒散和享受,没有时间怕辛苦,一直行动,一直经营,不断地学习。所以他们有钱,他们的孩子享有更好的教育,看见更好的世界也是应该的。不要仇富,富人都很努力,那些不努力的富人也算不上真正的富人。

二十几岁要有二十几岁的目标,三十几岁要有三十几岁的目标,四十几岁要有四十几岁的目标,到老了也要有到老了的目标……

真正没有浪费时间的人就是不断有目标,不断去达成的人。他们可以积累起真正的自信,不在乎他人的观点,也不活在他人的价值体系中,他们在不断地进步。

当他们到老的时候,他们才会为没有浪费的时间说"我这辈子值了""我很知足""我尽全力了"。

学习能力差的人走入社会是什么样子

> 你可以逃避在学校的学习,但是你逃避不了在任何一个领域想要做好都需要学习的事实。你过去没有积累起来的能力,走入社会仍然是你的短板。
>
> ——七芊

走入社会后,发现人和人之间学习能力的差距表现在日常生活中就是天与地之间的差距。一个成功的人,一定要具备非常强大的学习能力。

学习能力差的人走入社会是什么样子?

1

听不明白话,理解能力差。

一个上学期间就不会听课,听不到重点,理不清逻辑顺序的人,在日后的工作和社交中,理解他人话语的能力上也会存在相同的问题。

之前做了一个读者群的活动，活动中说被拉入群的读者发一个20元的红包，发一次性的，管理员接收。说了两遍，还是有几个人上来就发随机红包。

课程条目清晰，内容明确，课后还是有人装得认认真真地来问已经在课程里解答过的问题。

团建去玩一个游戏，主持人说了一遍规则，大家基本都了解了。有几个人在讲解的时候不听，之后反反复复地问别人怎么回事。

工作中，交代给实习生一个任务，手把手告诉他怎么操作，还是会做错。

以上这些人追溯到上学读书的时候，就是那些不会听讲，别人讲的时候不听非要下课去问，装作认认真真，其实他们完全不走脑。

理解能力、听话能力跟不上节奏，在很多方面浪费了别人的时间，也因此丧失更多的机会。别人发现你理解能力很差的时候，往往不愿和你浪费时间，也不会把重要的事情交托给你。

社会工作是一个讲求效率的团队合作模式，学校里没有积累起来的学习能力，走入社会还是短板。

不主动去改，就会被淘汰。所谓被淘汰的表现就是别人都富了起来，你还是很穷，别人生活得充实开心，你无论怎样都觉得痛苦。你很可能会在年龄很大的时候失去工作，没有保障，等等。

2

自恃清高，外强中干还玻璃心。

把消极的特立独行用来逃避竞争的人,是学习能力差的一大表现。

这样一类人最大的特点是外强中干,不合群,表面特别行,实际能力不高,做事没方法,特别玻璃心,没遇到挫折之前信心满满,遇到挫折之后迅速悲观、放弃。

某女工作后负责的项目大多都失败了,她又自恃清高不肯与人社交,觉得别人不好,又不学习,一来二去,封闭了自己。虽然别人没把她怎样,但因为玻璃心,受不了自己这种没有成就感的感觉,每天精神状态很差,悲观痛苦,没过多长时间就辞职了,然后一直找不到工作。

这样自命不凡,能力和认知不匹配,活在自己幻想里害怕经受打击的人不容易在社会中找到正确的位置。他们会在工作中丧失自信,很容易一事无成。

3

做人懒散,习惯不佳,没有时间观念。

学习能力差的人,个人习惯都不是很好。大到守时、自律上,小到日常饮食习惯、卫生习惯都极其懒散,大多数都没有时间观念。

面试的时候约好是十点,偏偏有人十点半到,还觉得无所谓。工作的最后期限是月底,偏偏有人觉得月底不交也无所谓。

迟到一分钟都可能失去一份好的工作、一笔巨款,可能会被公司开除,会被人看扁。一个习惯不好的人无法走入更优秀的圈子,因为更优秀的圈子比拼的是人各个方面的好习惯。

现代流行时间管理,不能意识到时间重要性的人往往都还是在懒散无趣的时间里挣扎。

等他们挣扎久了,就会发现自己和那些会管理时间、充实学习的人之间的巨大差距。他们很差的学习能力终究注定他们要在困扰的问题上浪费更多的时间。

4

信息检索能力差,接受新鲜事物的能力差。

学习能力差的人的另一个表现就是接受新鲜事物的能力差,很多新鲜事物都不知道,却打着"我不需要知道"的旗号。如果你想做好一件事,就需要同时具备很多其他领域的专业知识。

一味地想要投机取巧找别人代替和帮忙,你会发现这些都不会成为提升自己的东西,自己仍然会在原有的水平上止步不前。

信息检索能力太差,不知道科技对于生活的改变,一来二去因为获取信息的渠道堵塞,思维不能与时俱进,经常会局限住自己,找不到解决问题的办法。

5

拿来主义,不会做人。

学习能力差表现在摆不清自己的位置,不会察言观色,不知道别人想要听什么,对他人缺乏尊重,经常看不到自己的身份就试图与更高级别的人平等对话而惹人生厌,等等。

自己的学习能力很差,很多事情依赖于他人的帮忙,寄希望于别人，并且大言不惭，喜欢拿来主义。

6

没有毅力，坚持不住。

学习能力差的人往往意志力薄弱，不能长久地坚持。因为不能长久地坚持，所以看不到宏观过程中存在的问题。所以经常陷入自我怀疑的情绪之中。

一个学习能力很差的人，在社会上举步维艰的原因是，他会因为各式各样的原因封闭自己，无法找到和摸索出解决问题的办法，在原地挣扎。

没有人会为你自己的问题负责。人的大多数问题都只能靠自己去解决，一个学习能力很差的人，解决问题的能力也很差，所以他不会有太大的作为，也不会过得很好。

中国古代人说君子修身，放在现代，你也要修炼你自己的品德、行为习惯、思维习惯、学习能力，这一切的最终受益人也都是自己。

你可以逃避在学校的学习，但是你逃避不了在任何一个领域想要做好都需要学习的事实。你过去没有积累起来的能力，走入社会仍然是你的短板，自己不去改正，不去面对，它还是会成为阻碍你的问题。你现在的很多困境都是因为你自身的学习能力太差了。

学习能力差的人走入社会该如何拯救

你的学习习惯就是你在社会中的层次与地位。

——七芊

不管你是不是学霸,走入社会,学习能力都可能变差。因为社会中的学习往往是没有课堂,没有老师,没有材料,没有固定的学习方法和检验周期,没有监督,没有规则,因此非常容易因此懈怠下来,迷茫停滞。

如何拯救学习能力差带来的问题?

1

如何拯救:听不明白话,理解能力差。

我从小语文成绩特别好,尤其是阅读理解和作文。现在反思起来，阅读理解培养的是什么？就是一个人的理解能力，从一段文字中掌控核心要义的能力，分析出作者意图的能力。这种能力衍生到社会之中，就是你能很快地从一段材料中概括出核心要义，从一场会议中掌握核心内容，听出别人一段话中的逻辑和意图。

如果你是一个听不明白别人说话的意图，理解能力很差，不会听讲，别人讲的时候不听非要之后去问，装作认认真真，其实完全不走脑的人，你必须追溯到最初接受教育的时候，然后培养起这种能力。

建议一，有脑子地进行阅读，习惯在读书的时候概括每一章节的重点，概括出整本书的脉络。

最开始的时候，以这种方法阅读的速度很慢（没办法，谁让你小学的时候没学好呢，出来混都是要还的），所以需要制订每个月读几本书、一年读几本书的规划。速度缓慢，只有以量的积累才能培养起这种理解能力，基本上坚持一年的时间就足以在这个方面有很大的进步，理解能力会有很大的提升。

建议二，认真听每个人讲话的内容，并在听后分条概括出对方内容中核心的思想。

最好的办法就是去听没有PPT的线上音频课程，老师一边讲，你一边总结课程内容，争取做到一个人讲完后，你已经概括出他课程的核心内容。最开始可能会用笔做思维导图，其实就是小时候的听课笔记。

后来就完全可以只用脑子，在脑子里提炼对方说话的要点，构建对方的思维逻辑和行为意图。每天坚持认真听一个人讲话，一年之后这种能力可以被完整地构建出来。

这种能力的培养将会有效地把你的注意力集中在对方说话的内容上，会极大程度地改变那些在学校里没有养成良好听课习惯的人的注意力分散、不走脑的问题。

2

如何拯救：自恃清高，外强中干还玻璃心。

建议一，了解你想做的事的真正信息，在做事之前先去学习做这件事所需的知识。

你可以不合这个群，但你必须有合的群。你不能活在自己的世界里，以为自己很行。

你可以觉得自己很高端，不同于周围的人，但你必须拿出成绩，而不是自以为是地沾沾自喜。

做任何事的时候先去学习，先运用学习的知识取得一些小的成绩是改变这种清高和外强中干最好的办法。

建议二，去和正在做你想做的事情或做过你想做的事情的人求得建议。

做事成功有三个境界：见自己，见天地，见众生。看得见自己的欲求，看得见市场的真实情况，看得见受众的需求。

和真正在做你想做的事情并且做得不错的人交流，是见天地、见众生最好的办法。这些人可以指导你有效行动，不至于做无用功，导致满足不了自己说出去的大话，使内心挫败。

3

如何拯救:做人懒散,习惯不佳,没有时间观念。

自律能力的培养是让人脱离苦海的最佳办法。每天坚持记录自己的时间,每个星期进行总结。坚持一年你会发现,人生中所有能取得的成绩,能获得的幸福就是靠时间的累加,时间用在哪里就在哪里有结果。

4

如何拯救:信息检索能力差,接受新鲜事物的能力差。

学习什么,你就是什么。关注什么,你就是什么。

给自己制定一个领域的学习目标,每天去发现和了解相关的网站、账号和内容,和相关领域的人请教。

摸索出一套适合自己的快速学习方法,经常去一些领域获取信息,并总结出自己的学习心得。

5

如何拯救:拿来主义,摆不清位置,看不到问题。

建议:付费交流。和陌生的前辈请教问题,避免唐突和浪费对方时间,自己局促不安的解决办法就是付费问答。你会发现,在你不懂的东西上付费时,为了节省所付费用,你会主动学习。

6

如何拯救:没有毅力,坚持不住。

首先选择一项自己要学习的技能,每天坚持做这件事,坚持一年、两年、三年,基本上可以改掉没有毅力的问题。你会在这个过程中发现很多秘密,发现他人为什么能成功,自己过去有哪些问题,你试一试就知道了。

学习能力差的人,最好的办法就是从细微之处开始改变。

你的言谈举止告诉别人,你处于0社交状态

别做一个0社交的人,那样就好比我们关上了通往外界的所有大门。

——七芊

有段时间,拒绝无用社交这个口号很火热。

不参加同学聚会是为了拒绝无用社交,不做没有结果的事情是为了拒绝无用社交,不主动拓展人脉只做事是为了拒绝无用社交……

这个时代比以往任何一个时代都要鼓吹:两点之间直线最短,时间最宝贵,做什么事情都要直达结果,中途不能有一丝一毫无用的干扰,比如所谓的"无用"社交。

但是慢慢发现,很多人打着拒绝无用社交的名头,拒绝了所有社交。

1

朋友的公司最近有一个小伙子离职了。大家都长出一口气说：终于走了。

了解之后才知道，这个小伙子简直是负能量的代表：

每天坐在办公室里和大家讲述的都是社会的黑暗面，原声家庭的痛苦沉闷……每日都是一副郁郁寡欢的样子，怎么开心都开心不起来。

同事们都很关心他，经常劝导他，主动提出周末带他一起玩耍。但是他却总像躲着大家一样，把自己封闭在自我的世界里。

因为没有兴趣爱好，他经常窝在家里看美剧，打游戏，胡子不刮，脸不洗。上班的时候总像是熬了几个通宵，精神萎靡，完全没有时间观念，开会经常迟到半个小时。

轮到他的工作他也总是草草了事，却认为自己做得特别棒，一旦有人质疑他，就立刻一副"世外高人，你们都不懂，我最牛×"的样子。以至于他的工作永远需要有其他人来帮他完成。

他平日的谈资很少，只要张口必须负能量，同学聚会之间比惨，北京的房子买不起，自己将来可能一辈子不会结婚……

这些都让同事们压抑许久，有人建议他要多和积极的人做朋友，不要总是和那些一样爱抱怨的人待在一起，他却一副"我不喜欢混圈子，和他们不是一个世界的人，不要做无用的社交浪费自己的时间，那些拉帮结伙的事我都不干"的样子。

很多人都在打着不需要无用社交的名号，在拒绝所有社交，或者只和自己同一个水平的人彼此亲密。这样的他们在不断地把自己陷入思维的死胡同中去，分明每天都不开心，却不知道要如何解决，只能靠我行我素与逃避不断地解决问题。

没有兴趣爱好，终日消极度日。

不能欣赏其他人的优秀之处，看不到事情背后的专业性。

渴望得到认可，却又吝于表现，自我束缚，又自我彰显。

在同类身上找到心理安慰，希望看到对方更惨的样子。

你的言谈举止告诉我，你处在0社交或者低社交的状态。

这样的状态很危险，让你丧失沟通能力，与社会脱节，活在自我封闭之中。

2

领英的创始人，里德·霍夫曼的文章中写道：

The fasted way to change yourself is to hang out with people who are already the way you want to.

（改变自己最快的方式就是与你想成为的人为伍。）

The people you spend time with who shape you are and who you become.

（你身边的人决定了你是谁，你将成为谁。）

仔细观察各行各业成功的或者是稍有名气的人，没有一个可以说是单打独斗死撑着的，他们身边都有一大批优质的朋友。

而所谓优质的朋友并不是通过自己变成同样的人之后才可以结交，而是在自己摆正心态，踏实做事的时候不经意之间结实的志同道合的人。

而那些总是期待着自己强大的时候再去结交怎样怎样的人，打着"不想和某些low人拉帮结伙"一直孤独作战的人，其实不过是打着不想无用社交的借口拒绝所有的社交，封闭自己而已，他们也并不会多主动去和更积极的人学习更多的东西。

一个没有社交或者低社交的人，交流能力会变差，知识面会变得狭窄，会陷入自我以为的狭小世界之中。因为没有见到更加优秀的人，没有见到过更为优质的生活工作状态，人很容易一叶障目，以为所有人都和自己此时此刻一样。

潇洒姐的微课里说：生活需要偶像，因为他们把我们塑造成更好的自己。

每当她要懒惰、要放弃的时候，她就想想自己最想成为的那个人，那个人遇到这样的时刻会怎么做，然后果断坚持住，果断改变自己身上的缺点和毛病。

3

积极的社交心态，是人生活积极的一种表现。

小川叔的文章里写道：机会不会飘在天空上，最终是要落在人身上的，人控制着资源、机会和信息。

当你遇到困难解决不了时，站在原地自我思考、自我挣扎、自我鼓励是没有用的，最有效的办法就是与人交流，寻求他人的帮助。

很多时候大家会把求助当成抱怨，把毫无目的的了解当成是无用的社交和浪费时间。但其实互相了解、寻求合作的过程本身也是一种解决问题的方法。

机会最终是要落在人身上的，世界上有能力的人很多，但是有机会的人很少。

抓住每一次机会的核心，其实就是抓住掌控那个机会的人。为你自己打上核心技能的标签，别人才知道怎么去帮你。

自己有一段时间陷入一种年轻的纠结之中，三四个月，与外界交流甚少，一直都在低头忙着自己觉得要紧的事，到头来发现，闷头造车也并没有造出什么东西，反而笨拙自闭。

后来我便调整状态，寻求前辈们的帮助，果不其然，得到了很多难得的机会。

有一天和同事们一起吃饭，大家互相讨论着业务上的问题，开着玩笑，讲着各自的兴趣爱好，国内外的新鲜事。

那时候恍然发现，和大家在一起真好啊，至少这么多好的饭店、好用的化妆品、丰富的知识，都是从他们身上瞬间知道的，而这些让我去检索，去从书中学都是短时间内了解不到的。很多我觉得很困难的问题，也在大家不经意的交流中瞬间想通。

当你把自己变成一个开阔的状态时，便不会再去写那些小格局的文字，强求谁的认可，强迫自己达成某一种目标，而是可以放松地做自己，有节奏地完成自己想要完成的事情。

剽悍的一只猫说：与书学不如与人学。

结交更多值得学习的人，在他们身上，我们能看到更加积极的一面，可以活出更有乐趣的样子。更重要的是，我们尊重生活里每一个值得学习的人。

拒绝社交的代价，便是把自己封闭在现有的圈层和格局里，你关注的东西就是你的水平，和你交好的人就是你，你所有的思想和行动都会让人看出来你是个怎样的人。

别做一个0社交的人，那样就好比我们关上了通往外界的所有大门。

工作异地恋,等待情侣的是不是只有分手

不相信爱情的成年人活得不会幸福。

——七芊

和央视制片人娟姐一见如故,没事时经常去她公司坐坐。她公司里有各式各样的年轻人,每个人都像一本故事书,有各种各样的有趣经历。

他们中有的是斯里兰卡的志愿者,有的是一心要考公务员却屡战屡败的山东学霸,有的是和家族做斗争独自闯荡北京的客家姑娘,还有一位……

这位白衣姑娘给我留下的印象最为深刻,她在镜头里最端庄,白色的长裙,优雅又美丽。她和男友相恋多年,有无数感动的故事,有争吵伤心的时刻,为了各自的梦想,他们选择在不同的城市工作。她

选择和男友继续下去，镜头外的编导问她为什么要坚持？

她很恬淡地说："因为，爱情。"

因为，爱情。

感人的四个字，才发现有时候所有事情本来就这么简单。

工作之后，很难找到心仪的对象，社会分工将人的圈子变得专业而狭窄，价值观多样性的社会让人很难对陌生人产生感情。

相亲网站上明码标价，一男多女、一女多男的挑拣模式，让人在防备的心理中丧失了对爱的信任。最后才知道最好的时光是校园，而不少人错过那个时间才发现在茫茫人海中遇到一个合适的人有多难。

越来越多的人明白了这样的事实，所以他们选择坚守他们的爱情，因为各样的原因选择了异地工作。

哲先生和女友相恋七年，因为工作关系，后三年完全是异地恋。每年节日见几次面，每年休假见几次面，但是感情依旧浓烈，其中最宝贵的便是哲先生对女友所做的一切。

哲先生无论去哪都会给女友带礼物，打电话汇报自己的行踪。

哲先生在博客里有个小专栏，经常写自己和女友的故事。朋友时常调侃五大三粗的哲先生是"妻管严"，但是没有一个人心里不佩服他这种毅力，没有一个人不祝愿他幸福。

哲先生做得最好的一点便是坦荡磊落，大胆拒绝很多女性的暧昧，他用行动向所有人说明：我有女友，我很重视她。

你对伴侣的态度就是你们感情的稳固程度。工作中遇到过很多这样的人，他们有伴侣或有家庭，却在异性面前只字不提，甚至遮遮掩掩，和异性打情骂俏，最终给自己的感情带来危机，最终吃苦的还是自己。不止男生会这样，女生也会这样。

因为异地工作，老杨的女友去了很远的南方。老杨的女友因为人美腿长，受到不少同事的欢迎，和前男友、前前男友、前前前男友依然保持着联系，同时也不忌讳周边同事的追求，大胆赴约。

也许是因为自己先动摇，做了点亏心事，老杨的女友总怀疑另一半也会这样对自己，经常怀疑老杨。最后，他们间连一点点信任都难以维持，老杨不得已为女友放弃了工作，却发现女友已经变心。分手之后，女友才发现真心对待自己的是老杨，三番五次找他复合，他却再难接受她。

几天前，微博上有个国外的视频，测试情侣之间的亲密程度，让美女在电梯上摸男生的手，看男生和他身边女友的反映。多数人都成功被挑逗，只有一位英俊的男士，指了指自己的结婚戒指，帅呆。

我们对感情的忠贞程度就是一个人内心的稳固程度，因为内心稳固，所以才对幸福有足够强大的感知力，才能感到幸福。

信任是情侣的基石，沟通是王道。

遇到很多分手的异地情侣，无外乎是一个想知道，一个不想说；一个很匆忙，一个要陪伴；不沟通、不交流、不进油盐，到最后一拍两散。

异地恋如果两个人都不想到一处去，结局会很可悲，所以哲先生很早就和女友有了规划。

"我赚三年钱，回去给她买个房子，开个小公司，到时候让她去

××工作。"哲先生说。

我最后问他的问题是："你担不担心自己先被抛弃？"

他说："感情的分合与异地没有关系，是人自己是否动摇。如果她动摇了，那么分开也是好事，避免我再这样付出下去。如果我们都不动摇，一定会长长久久地在一起的。"

因为异地，人们不再相信爱情，相信了距离；不再相信对方，相信了自己的揣度；不再交流，开始怀疑自己的选择。

老妖说：爱情是意乱情迷，而不是在众多选择中选择最好的那个。

异地恋的情侣不一定要向分手妥协，想要在一起的人一定会在一起。

旧人勿见，旧事勿念

一个不念旧的人不懂得感恩，一个过于念旧的人没有自我。

——七芊

王朔说：人的痛苦，大半是沉溺于过去，不舍得放手，无法重新开始，输不起，失去孩童跌倒后爬起来的勇气，所以孩子会长大，成人只能老去。

我有个习惯，每过一段时间就会把前段时间所有的衣服和物品全部换新，把那些平凡甚至是不悦的生活统统格式化，只记得好的东西。

我是不喜欢在任何生活细节中看到过去的影子，用尽全力感受脱胎换骨的人。

苏有朋接受采访时说，如果有人叫他"小帅虎"，他会立刻翻脸。

他做了很多努力才走上今天的位置，大家还用过去的成绩衡量他，这是在否定他一路上所有的努力。

范冰冰在《鲁豫有约》里讲过一个情节。《还珠格格》已经过去了很久，在一部新戏的发布会上，一位影迷冲上前来大喊："金锁，金锁，我喜欢你。"她当时觉得很接受不了。

每个人在自己发生了很大的变化之后，都不希望被人以旧的眼光来审视。而往往就有那些不知趣的人，标榜着亲密的熟人，带着你没什么了不起的态度，以你过去一时一事的窘境或经历为契机与你比肩称兄。

岁月里，所有东西都悄然地发生了变化。无论是我们还是别人，那些停留在原地的人并不是怀旧，而是落后与自闭。

旧人勿见。

不见那些看不得你好的人，不见那些强势偏执的人，不见那些自我优越感极盛的人，不见那些擅长说教的人，不见所有让你不舒服的人……

不与不身处同一环境的外行人讨论行内的故事，不同人抱怨，不过分泄露隐私。

求同存异太难，用行动结交志同道合的新朋友，却不忘偶尔联络曾经共同比肩的老朋友才是比较不错的办法。维持友谊最好的方式，也许就是在岁月里不忘关心，在不同价值观之后保持距离。

旧事勿念。

我经常听到很多人讲起自己之前的故事，起初很爱听，但后来我发现，一直提起过去的人近况都很不好。他们有过盛极一时的辉煌，却在眼下过得萧条狼狈。

同S吃饭的时候，他说："不要写过去的东西，就写今天、眼下做的事，因为做事而得到的感悟，这样以写来刺激行动，人才是进步的，否则总是写过去，人是很闭塞酸腐的。"

昨天的伤痛属于昨天，昨天的欢喜属于昨天，昨天的成就属于昨天……无论我们多想回去，都会发现，那不过是我们兀自删减出的一段记忆。真实的昨天并不美丽，勇敢地与旧生活说再见，我们才会有一个新的开始。

Chapter 5

年轻人要大胆展现自己的才华

年轻人要大胆展现自己,没有人有义务挖掘你的才华

"没准备好的时候"就是"准备得最好的时候"

有些事不要等想明白之后再去做

那么有理想的你,究竟输在了哪里

你从不缺目标与实力,为什么过得不如庸庸碌碌的人

不要先学别人有气场

没实力的时候,死撑也是没有用的

人对自己的标准有多高,日子过得有多好

没方法

年轻人要大胆展现自己,没有人有义务挖掘你的才华

> 所有可以给你机会的人都在等着你告诉他们你是什么样的人,可你却腼腆地等待对方去发现。
>
> ——七芊

我在中华英才网做了一次关于大学生的演讲。演讲结束后,很多听众留下了我的微博、微信,向我咨询大学生应该如何度过大学、大学就业等相关问题。

大多数的咨询者,他们非常容易在什么都没有做的情况下陷入悲愤、迷茫的情绪之中,会把人际交往看得非常重要,会头脑简单地判断一件事情的对与错,不敢展现自己,怕被别人笑话,而这一切又造成他们停滞不前,继续迷茫挣扎,陷入恶性循环。

告诉他们如何行动,告诉他们如何通过各样的方法解决问题,对于很多学习能力很差的人来讲是没有用的。这篇文章要告诉年轻人,

不管你是什么样的人,你都应该大胆地展现你自己的优势,你将会在这个过程中发现解决问题的方法。

年轻人为什么要大胆地展现自己?因为所有的机会都是要争取的,没有人有义务去挖掘你的才华。

讲几个关于大胆展示自己的故事:

1

我刚工作的时候,不知道自己要做些什么,应该向哪个方向发展,便主动向一位非常有身份的猎头顾问请教,并发了自己的简历给他。他不仅从美国给我拨了音频电话,更是对我的简历进行了评估,给出了非常明确的方向,这件事直接影响了我的职业生涯。之后,猎头顾问还根据我的优势为我介绍了几份业余发挥优势的兼职工作。

试想,如果自己当时碍于社会地位的悬殊,碍于各种各样的原因没有主动展现自己,没有主动联络这位前辈,没有主动发送自己的简历求教,那么自己依旧会在方向不清晰的困局中挣扎。

2

我为《知音》写了很多年的人物访谈,工作后我也积极地展现自己的这项技能。

杂志发表了我的文章,我找机会给上司看。后来有一天,我发现这本杂志传阅到了公司副总裁手中,再后来领导们知道我擅长写文章,需要写文章的地方会多多让我历练,很多活动的事后报道都是我和当时组内很有名气的记者大哥一起分担的。

试想,如果当时没有向他们展现我的这项技能,就不会有这样的机会。

3

我最开始写公众号的时候,和很多人一样,不敢展示自己的文字,害怕文字不成熟被人笑话,连分享朋友圈都不敢。就这样,我一直默默地写,写了八个月仍然没有什么起色,虽然有不少慕名而来的读者留言说被我的文字打动,但自己仍然没有这个自信。

很多编辑看我写了这么久阅读量没有多大变化,大多也就放弃我了。有时候我很沮丧,看着很多人写的那些追求热点的文章受人追捧,而自己的却无人问津,自卑地觉得自己写得不够好。

我写了六年的人物专访,所以在人物话题上有很多自己的想法,我利用工作身份去采访那些职场中的精英。我本身对工作和人的成长经历感兴趣,所以就一直坚持写下去。

被采访的人对我的文字大多都是满意的,给予我很大的鼓励,而我这个时候也意识到:大胆地展现自己,哪怕是来自外界的批评和嘲笑,对自身的成长也是有利无害的。我会把自己的文章发到各个作者交流群中,也会联系公众号的编辑,同他们交流。

我坚持写关于职场的文章,结识了很多专业领域里的大咖,大家都很帮忙。我因为沉默和自卑,让自己陷入了八个月的低谷,进步缓慢,但因为勇敢展现自我,在第八个月的时候重新获得了机会。

所有的进步都是因为你打破了那层压抑已久的沉默。

4

有位前辈对我说:"年轻人一定要多多展现自我,只有展现了自我,别人才知道你的需求,才知道怎么帮助你。"

这位前辈当初在公司的广告版上刊登了自己要创业的信息,获得不少人的帮助,有的帮她介绍投资人,有的帮她联系办公场地,有的帮她介绍合作伙伴……就这样,她开了自己的公司。

是的,世界那么大,没有人有义务去挖掘你的才华。如果你不展现自己,别人就会低估你,你就不会有那个机会,得到那个帮助。

做人高调和做事高调是不一样的,做人高调是你有什么物质财富或和金钱挂钩的东西就拿出来炫耀。做事高调是你要注重外化做出来的结果,来把外化的价值更大化,吸引更多的帮助和关注。前者让人讨厌,后者创造价值。

机会永远属于主动的人,年轻人要大胆展现自己,因为没有人有义务去挖掘你的才华。

"没准备好的时候"就是"准备得最好的时候"

机会不是等来的,是争取来的,等所有的准备都做好,机会早就没有了。

——七芊

人年轻的时候经常有这样的困惑:自己要去做什么,去什么样的地方,过什么样的生活,想做的事和正在做的事总是相差甚远。

家庭、资源、环境、人脉等困难,似乎都可以成为我们无法达成理想的阻碍。

"求不得"成了这个阶段的常态,让人陷入更深层的焦灼、痛苦。在分明没有压力的环境下自我施压、心理设限、饱受折磨。

年轻的时候怎样才能让迷茫中的自己大胆地去追求想要的生活,变成想象中的样子?

如何才能改掉以"自己没有准备好""现在还不是时机"为借口

的懒散拖延症？

这就需要我们拥有一些愚勇、内省，同世界貌合神离的机智，以及真正推动目标实现的方法。

1

所谓愚勇就是敢于肯定自己，展示自己的决心和胆量。

我很少听到前来咨询职业方向的"90后"读者们斩钉截铁地说："我就是要过这种生活，就是要成为这样的人。"

他们中的大多数面临"求不得"或"不满意"的工作状况时都会不自觉地进行消极的心理暗示，随即陷入情绪的低沉从而自我怀疑、谨慎小心。

过分谨慎小心的年轻人容易在眼下的格局中丧失自我，比如这句话是否该说、怎么做能让别人不讨厌、这个选择是否正确等，往往会陷入进退两难的情况。这个时候，真正需要的是不顾一切的勇气，听从直觉的大胆行动，积极暗示自己是对的。

选A和选B唯一的区别就是做选择时的心情，而做选择时的态度已经决定了这件事情日后的结果。

毕业的时候，我因为种种原因没有办法直接进入理想的公司，从事理想的岗位，曾经尝试妥协于社会现实，做自己不喜欢的工作。那段时间经常暗示自己在北京混不下去就回家过有车有房的生活，选择清闲的工作，业余时间做自己喜欢的事情。

这样的选择态度注定是自食恶果，自己没有办法集中精力在一件事情上全身心地投入，时间一久便会和那些斩钉截铁的人拉开差距。

我的同学雷拉就是典型的例子。她来北京的时候也很艰难，高房租、低收入、没背景、没人脉，但她十分坚定，就是要在这个城市扎下根来，就是要做互联网这一行，进最牛的公司，成为市场部的高管。

为了实现目标，她从来不妥协，达不到她标准的公司和预期的岗位都不去。每一个选择都十分坚定，做任何事情都全力以赴，三年之后她的预期基本上都实现了。

对比之下，我觉得自己浪费了很多时间，回头一想正是这种反复犹豫、不够坚定的态度害了自己，这才发现大多数年轻人的痛苦都来源于无法斩钉截铁地顺从自己的内心。

如果你内心有很强烈的愿望，知道自己不要什么，就不要在不适合的地方浪费时间。大胆承认自己是个什么样的人，大胆去做你认为正确的事，没有人能搜集到所有准确的信息，指望什么都了解全面再去做一个完全正确的选择是不现实的。选择本身并没有对错，要紧的是积极肯定每一次选择，不断调整，把它做成正确的。

2

光有愚勇是不够的，还要有内省的自知之明。

很多人错误地以为内省就是忏悔，但其实忏悔会使你丧失自信陷入坏情绪，内省才会让人坚强且游刃有余。

大学生 Sophine 是我多年来的忠实读者，她经常忏悔自己做得不够好，与同学发生矛盾会立刻归因为自己有错，从而使情绪受到影响，陷入长时间的低迷。这影响到她的考试、就业，到头来恶性循环，全部累加成自己的负担。这就是忏悔心理带来的负能量循环。

如果真的做错了，要记住是怎么错的，下一次如何避免，这一次有什么补救的办法，内省的准则就是让人学会原谅自己。

已经做错了，后悔也来不及，没有补救的措施，那么只能沉入无尽的忏悔之中去耽误时间吗？

当然不是，只需要原谅自己就可以了，然后正常生活工作。

错过了太阳就不要错过了星辰，没有办法挽回的错误就不要挽回。心里没有负担，下次面临同样的问题才不会二次慌张，犯同样的错误。

3

与世界貌合神离的机智是减少做事阻力的最好办法。

每个人的生活环境、成长经历都会给他带来不同的思维，如果指望得到别人的认可再开始做自己想做的事，恐怕一辈子也没有办法做成这件事。

不要指望以一己之力去反抗环境、改变他人，打破一种固有的观念和信仰。

这时候的确需要在顺应某种规则的前提下找到翻盘的机会。保持平和的状态，减少实现目标的阻力，内心默默坚持自己的想法并且踏实执行。

早年工作的时候，经常遇到工作陷入发展瓶颈的前辈，他们抱怨行业多么没有前景，后来索性跳到都被看好的行业中去。经历了这一遭才发现，行业虽是不同，但抱怨是有共性的。

只有学会排除这些负能量，才能有自己的节奏。屏蔽负能量的办法不是去改变别人，强迫他们停止制造负能量，而是要抓紧时间做好自身的积累。

我的一位职业导师曾经在没落的国企工作，同事们每天买买买，混混沌沌、不知不觉日子就混过去了。她则积极学习外语，学习与职业规划中相关的内容。大家经常背后议论她瞎折腾、太累等，领导也总是没事就来教育她。

她始终不解释，友好地和大家相处。后来，她通过了职业规划师的国家认证，自己做了咨询师，出了两本关于职业方面的书，在书里写了很多关于年轻人如何看待固有观念的问题，把自己的一些经验教训传达给更多的人，让他们免于这样的痛苦。

用她的话说，如果和观念不同的人据理力争，得到的就是撕破脸的声嘶力竭。对方不会理解，你也不会得到你想要的，所以莫不如在自己渺小的时候忍下来，减少矛盾冲突，专心致志做自己要做的事。

与世界貌合神离的机智总结到真实的人生中就是能屈能伸，在自己弱小的时候忍耐并且坚持行动，在自己强大的时候影响更多的人。

4

要做成一件事，需要规划好做成这件事的步骤，没有步骤的梦想只是空想。

同事想进入行业最顶尖的公司工作,她把实现步骤分为三步,为期三个月。第一步,通过行业人士访谈和相关招聘网站了解公司的岗位构成,选择适合自己的岗位;第二步,通过与在职人员的交流,了解岗位所需技能,锁定相关的课程平台进行学习;第三步,找猎头和人脉内部推荐。

结果没到三个月,目标就实现了,她顺利进入了理想的公司。

如果你有一个梦想,是等着有车有房之后再去实现,还是现在就去实现?当然是现在!即便什么都没准备好,还是有很多事情可以做,把今天的事情拖到明天就相当于再也实现不了。

"没准备好的时候"就是"准备得最好的时候"。赶紧开始做吧,等准备好了一切,机会早就没有了。

有些事不要等想明白之后再去做

人在专心做事情的时候,根本不会有任何情绪,更不会在乎周围的人,所以不知不觉就会超过同行的人。

——七芊

总有那么一些人,他们正试图用参悟出来的道理来解释一切疑惑,总希望在调整好内心之后再去接受现实,总是偏执地想把事情想明白之后再去行动。不知不觉之中,思索浪费了他们很多时间,使得他们错过了一次又一次做出成果、增加自信的机会。

他们陷入了深深的疑问:自己究竟想要什么?怎样才能实现自己的目标?

有一天晨起上班的时候,我莫名得到了这个问题的答案。

上班的路上总能看见行色匆匆的同事。有一次,自己较劲和余光所及的人比脚力,后来才发现对方是熟悉的同事,我赶上他问:"公司有要紧的事吗？怎么走这么快？"

他回："快吗？我都没有发现，可能是太冷了吧。"

人在专心做事情的时候，根本不会有任何情绪，更不会在乎周围的人，所以不知不觉就会超过同行的人。

Joy和Scott是同一时间段进入公司的管培生，Joy是新青年，平时接触信息很广，各种软件都用得顺手。

Boss要求做个海报，Joy第二天就可以交稿；要剪个视频，他很快能找到素材；和美国合作方洽谈业务，他连夜整理出一份草案。Joy积极的态度使得同事们对他赞不绝口。

Scott是清高型学霸，理论知识扎实，但实际应用能力不强，在校时期的优越感让他无法放下架子接受自己比别人差的事实。

Scott自知在应用领域不如Joy，但是又觉得对方比自己学历低，都是同一批进入公司的管培生难免处处暗自较劲，这样的心态让他把自己搞得自己十分焦灼。

人在能力达不到要求的时候，最容易用炫耀来掩盖内心的不安，冠上沉重的心理负担。

我听很多同事讲，Scott经常在工作中有意无意地炫耀自己的家世、学历、海外经验。

久而久之，大话和炫耀让他陷入了深刻的不自信，没有踏实地积累业务知识，养成了否定别人的坏习惯。经常在组内讨论中与他人争论不休，不少同届的管培生都对他略有微词。

与此同时，Joy开始定向积累自己的核心业务力，学习市场营销、作图等。相比之下，Scott 却显得不太踏实，经常会请各种前辈吃饭，为了日后的晋升和发展愁容满面。

这样两种不同的心态，在最终转正考核时分出了伯仲，Joy 被破格提升为主管，成为公司十年来最年轻的主管。Scott 成绩平平，最终难以忍受心理落差，主动提出了辞职。

总是思索和完全不思索都是不行的。Scott 的缺点是过度思索，害怕自己被别人落下，害怕同事不喜欢自己，种种心理负担让他忘记了做事的本质。

我们都很可惜，他有很好的资质，能力也很强，但却败在了自尊心太强、过于在乎他人心态上。

夫唯不争，故天下莫能与之争。

不争的深刻含义大抵就是做事的时候不带有任何情绪，拥有自己的目标，耐下心来按步骤做事，致力于做事的过程，不过度关注自己的内心，不与旁人比较。

很多毕业生在刚工作的时候都会迷茫，这时候他们很容易为自己冠上人文主义的情绪，以至于在什么都没做的情况下就受到了情绪的左右，妄自脑补出一系列不切实际的假象，但事实还是什么都没有做。

量变引发质变，投入了多少时间，做了多少事情，就会得到怎样的结果，每一个成功和失败都是潜藏在日常行动中的必然。

Scott 的教训告诉很多年轻人要警惕两种危险思维：想太多，太着急。

也许你一开始比别人差，没有办法一下子得到那么好的位置，那么好的报酬，那就别想太多，抓紧做好眼下的工作，学好该学的东西，做好这一分钟、一小时内的事情。坚持住，不出半年你就能看到自己的巨大变化。

Joy 正是因为这点超过了其他人。他没有长远的目标，但是他足够认真对待眼下的工作，这往往比那些计划周密，却终日被野心烧灼落实不到实处的人拥有更好的结果。

焦灼所带来的只是想要逃避的焦灼，自律和行动才可以减缓迷茫时的压力。目标不要太多，标准不要太高，如果真的无法克制这样急切的心情，不妨设定一个短期内要完成的目标，实现之后就可以改变这样焦躁的僵局了。

别被思考浪费掉太多的时间，那样你便浪费了你的才华，也辜负了曾经受到的苦难。

那么有理想的你,究竟输在了哪里

很多人并不是败给了实力,而是败给了野心。

——七芊

很长一段时间,我都以为"目的性强"是个极度褒义的词汇。

一个人如果始终知道自己要什么,这是一件多么牛×的事啊!毕竟中国有那么多年轻人,一辈子都不知道自己要什么,混混沌沌地过着挣脱不得的日子。

但是后来我发现,"目的性强"是个贬义词,很多时候我们的困难也都来源于我们的目的性。

1

一个目的性很强的人会很执着,也会在外人看来不近人情、不择手段。因为这样的人只着眼于目标而忽视了眼下的机会，很容易在群体中受到排斥，很难得到别人的帮助。

最重要的是，很难在达成目标之后坚持目标。因为大多数目的性很强的人，他们达成一个目标之后会迅速拥有新的目标，所以没办法长久地专注于一件事情，除了实现目标。

由此可见，很多人并不是败给了实力，而是败给了野心。

最近听到一个故事，读者薇薇是大美女，事业心很强，一心想进公司某核心部门，副总裁考验了她很多次。

薇薇出身条件过于优越，每个月房租要三万多元，出门只坐头等舱，买衣服只买一线大牌，活脱 Prada 女魔头的生活质量。

周围的同事既嫉妒又恐惧，上级也担心她吃不了苦。但经过三番五次的业务考核，领导发现薇薇情商高、反应快、做事很细心，这才开始注意她，甚至一度下了决心要录用她，但又总是摇摆不定，觉得她太过于积极主动、动机不纯。

薇薇为此很着急，非常想为自己解释，变得非常焦虑，开始拼命加班，想方设法地要实现进入某部门的愿望。请前辈吃饭，和同事交流业务，表明自己的想法获得指导，争取机会……但是很快就被同事乱传成和××有不正当关系，贿赂领导身边人，到最后因为群众的煽风点火，副总裁的一封邮件还是抱歉地告诉她：年轻人要多多积累，不要浮躁，还是有机会的。

于是，她就这样在自己认为非常努力的情况下失去了梦寐以求的机会。

薇薇说她经常加班到后半夜三四点钟，整理好所有来京访问人员的名单，算准在航班出发前的三个小时，各位都还在家里的时候，贴心发出当地的天气预报及所需物品。无论是翻译资料，还是行程流线，中途出现任何问题，她都尽职尽责地做好各种变通，保证所有会议正常进行，绝无差错。

"我想实现一个目标，难道错了吗？"

"在这个城市中，机会那么少，我想去争取那个机会，我错了吗？"

"我不能理解，我只有二十五岁，没有那么深的心机，只想站在一个合适的地方去做我想做的事，向我崇拜的人学习，为什么会被误解为动机不纯、不择手段呢？"

"一个女孩子有钱，难道就一定是不法收入吗？"

"所有人都告诉我要慢慢积累，但是为什么有那么多和我一样大的人，他们站在我想要的位置上过着我想要的生活？"

她为此觉得非常沮丧。

2

一位伯乐对她说："我真的没有想到，像你这样努力、条件这样优越的女孩子，居然活得这么艰难。"

顺便讲了几个比薇薇差的女孩子是多么轻易地进入这个岗位，多么轻易地就得到了比她更好的生活。

有很多我们觉得又努力又上进的人，在社会上一直没有找到自己的位置，他们屡屡碰壁，迷失自我。他们时常会抱怨社会不公，抱怨他人的恶意，但很少有人想到，也许这一切都来源于深藏内心过于清晰的野心和目标。

《向前一步》这本书中说：女性比男性事业发展缓慢的原因是，她们总是在试图去寻找一个位置、一位导师去帮助她们实现所谓的野心和规划，她们会把很多的时间都浪费在定位位置和资源上，但是男性往往是先想着做事，做出结果。

薇薇正是因为有非常明确的目标和位置，所以会时常陷入这样欲速不达的焦虑之中。一个人努力没有错，但是过于努力的时候就会显得十分笨拙，心术不正。

为了实现自己的预期，薇薇时常觉得和目标无关的事情是没有意义的，所以没有办法专心挖掘自己眼前工作中的深刻价值，反而觉得每天憋在办公室里就是在浪费时间。为了挣脱这种困顿，她选择接触更多人来帮她挣脱这样的环境。

但她忽略了两件事：第一，无事献殷勤，非奸即盗，是大多数人的心理，当你目的性太强，通俗一点就是太主动去维护关系实现目标的时候，别人就会有所防备，甚至在内心产生分歧，即便他们表面上仍然对你赞许有加；第二，你所想象的位置依旧有你现在这个水平看不到的痛苦，不改变自身的态度换任何环境都是一样的。

3

六神磊磊在演讲中说："很多人输不是输在了方法方式命运机会上，而是输在了做人做事的境界上。境界这个问题让人不易察觉，它会让你努力的时候非常刻意，让你在小红的时候显得张狂，让你在批评的时候像是嫉妒。这种输，不会像象棋一样一招将死，而是像下围棋一样，看着还是蒸蒸日上的样子，到最后却连翻身的余地都没有。"他举了一个叫韩哥的自媒体人的例子，韩哥的自我简介是这样的：青年作家、励志讲师、2003年××省高考满分获得者。

六神磊磊说："青年作家，一帮人还会看看；励志讲师，一帮有质量的读者就吐了、跑了；高考满分获得者，有正常审美的读者就跑光了。那些没什么水平、捧臭脚的会继续鼓励他，而他就在这样的鼓励中觉得自己还不错，还要继续努力下去，这样会在看似很不错的情况下走向孤独没落的死局。"

那些努力得很刻意、表现得很夸张的人，会在无形之中暴露自身短浅的境界和格局，会忽视掉周围的机会，人们会因为他们过强的目的性而产生压制心理和防备心理。

比起装作不努力的人，那些努力得不动声色的人才是真正的狠角色。社会需要的并不是高调而勤勤恳恳的人，而是低调却游刃有余的人。

这样的人，他们认真负责，却又像没有那么大的企图心；他们有自己的乐趣，也有稳定的爱情，家庭与事业完美地平衡，所以他们容易得到信任，获得帮助。

与人无害的样子既不会添麻烦，也不会功高盖主，同时也并不意味着他们是庸庸碌碌随波逐流的人。

很多毕业生面试失败的原因不是因为他们没有能力，而是因为他们在面试中的野心会扰乱公司的秩序。

4

人生要做一些无用的事，放下梦想本身，去关注真正的生活和人自身的价值与贡献。

为了虚度一部分时光，为了平衡一部分野心，到最后却发现最没用的东西最有用。

在工作的前三年，甚至更长的读书时间，我的目标都非常明确，虽然都实现了，但是每一个阶段的大目标实现起来都尤为困难。

甚至在目标实现之前，我一度不能接受自己，对自己的生活状态完全不满意，没有成就感，无法认同自身，那种焦虑感可以使我瞬间崩塌。

事后反思发现，每一个目标的实现都是因为一些无意识、无目的地帮助他人获取知识的小事，这些小事都和利益、目标没有关系。

我发现人与人之间最近的距离，人与梦想之间最近的距离就是心无杂念、踏实付出的那一刻。

正是这些小事在关键的时刻帮助了我，才实现了当时自己的很多期许。

那个时刻，我才明白无心插柳的妙处在于，人们对世界的接纳与善良。

有目标是好事，但是没有必要被目标绑架，没有必要把自己的人生和青春都嫁接在功成名就、家财万贯的基础上。否则你会在追逐目标的过程中失去自我，在很努力的情况下一无所有。

你从不缺目标与实力,为什么过得不如庸庸碌碌的人

目标太多、太过宏伟的人,实现起来就会比那些目标范围小、周期短的人要慢很多。

——七芊

1

我曾参加过领英中国的线下沙龙。在演讲环节中,《职得》的作者高琳老师说:"阻碍年轻人发展的从来不是目标,而是从何做起。这个问题不仅是年轻人的问题,还是每个阶段人的通病。"

高琳老师讲了自己和闺密之间的差距。闺密从小走就在自己的前面,人美成绩好,留学海外最有名气的高校,在她母亲眼里是不折不扣的"别人家孩子"。后来她进入了企业,一步一步升职加薪,闺密却在这个时候成了首位登顶珠峰的华人女性。一次偶然机会,她才知道自己也成了闺密母亲眼里的"别人家孩子":"你看人家多好,到年

纪结婚，生孩子，在公司里稳步升职。"

高琳老师说："我有生以来第一次超过她。但没想到，我居然胜在了平庸。"

自那之后，她一直在思考，难道这样按部就班地生活，慢慢走到上帝面前，上帝会对你说 good job（做得好）吗？于是她三番五次想要离开现在的岗位去尝试新的可能，却发现茫茫社会里从何做起、从哪开始是最困扰的问题。她开始焦躁不安，三番五次想要辞职，却每每都被家人阻拦。

比那些满足于现在生活的人，在生活中更有理想、想突破格局的人确实更为痛苦。因为在同样什么也不做的情况下，后者会因为实现不了目标更为焦虑，而前者因为没有目标，没有前进的动力，可以在温床中活得非常舒适。

所以有理想的你过得不如庸庸碌碌的人的原因之一是，他们可以享受眼下生活，而你想要得到更多。

2

我们经常可以看到，那些什么都不做的人，他们总是在期待着那些折腾的人出差错，在他们心里似乎埋藏好了事先的台词：瞎折腾什么，苦逼了吧。

这个道理就像没有能力创业的人，渴望听到的绝不是谁创业成功成了亿万富翁，而是谁的公司倒闭了，落魄潦倒。

没有能力找到好工作的人，渴望听到的绝不是某某公司员工年薪

100万元，而是某某公司的内部黑幕，女员工惨遭潜规则。

那些没有能力考上高级学府的人，渴望听到的绝不是某某名牌大学的人功成名就，而是某某名人出身于各式不入流的大学。

停留在原地的人，期待看到的永远都是跑在前面的人落得个落魄的下场。

所以，有理想的你过得不如那些庸庸碌碌的人的原因之二是，他们可以站在原地说闲话，而你要用他们说闲话的时间努力实现目标。他们在休息，而你还在奔跑。

很多人走到这一步的时候，纵然他们有理想、有实力，却没有熬过等待结果的那段时间。他们沿途奔跑着，看着那些停在原地、对自己指指点点的人便开始怀疑，自己走的这条路是不是正确的。于是他们越跑越慢，慢慢失去了终点，他们沮丧地回来，沿途的人正为他们准确的预估而幸灾乐祸。

年轻的时候最容易陷入选择犹豫之中，你有宏伟的目标，你有理想，你可以坚持，但是你不确定你走这条路是否正确。你害怕浪费时间，你害怕成为那些"苦逼了吧"的例子，你害怕你自己的选择连自己都不喜欢。

在这一点上我深有体会，读过我《毕业那年，我拿了23个offer》这篇文章的读者应该知道，我在毕业季的时候面试了接近一百家企业。我从来不做单选题，梦想和薪资之间，从不妥协，所以我的求职路途尤为艰难。

当初很清楚自己想要什么，但我不清楚这个社会职业的分工能给我什么。我只能这样面试下去，不断地面试，在最开始选择了一份工作，面对它那种现实和理想之间的落差时，我深深地失望过。当我想走的时候，面临了各式各样来自亲人、同学、社会的压力。亲人劝我再干一两年，社会就是这个不平等的样子；同学嘲笑我个性执着在社会上碰了钉子；企业里的人打击我年轻人没什么了不起。

我和很多毕业生一样都经历过这些，我也曾经逃避过三四个月的时间，对自己很失望，对社会很失望，因为沉浸在这种失望中浪费了更多时间。如果没有浪费那几个月的时间，我就可以及早找到更准确的位置，也可以经历更多的企业，更不会那般压抑痛苦。

高琳老师的那句话我很赞同，她无意中做了一次分享，说有机会去教书，现如今也有了自己的培训机构。最终她发现：其实做很简单，不管做什么，只要开始去做了，就是在不断升值和进步的过程中。

你有没有想过，积累是多方面的，并不是一个岗位给你的。如果你一直找不到好的工作，只要你坚持去换工作、找工作，用不了五年，你可以成为职业生涯的专家和顾问。因为你见识到了足够多的企业，有足够多的面试经历。任何一种处于坚持行动中的积累都是这个人的有效积累。

3

有理想的你过得不如那些庸庸碌碌的人原因之三是，你在犹豫与抉择的思考上耗费了大量的时间，不断因为他人的看法为自己设限，减缓了看到结果的时间。越是减缓看到结果的时间，越是觉得自己被消磨，越会觉得你折腾了这么久不如那些庸庸碌碌的人。

有理想的人本来就不如那些庸庸碌碌的人活得懒散舒适，但是为什么人还要保有理想，保有目标呢？因为你知道能带你脱离苦海，带你不断进步的就是那个你一定要实现的目标。

几天前打车，司机师傅和我得意扬扬地说他在北京的房子拆迁了，得到了一千多万元的拆迁款。他儿子不思进取，天天要买新车，他说做人呐，这么舒舒服服的挺好。他以为我会很羡慕，会称赞他。

我对他讲：在别人的父母只有几十元工资的时候，我父母已经是万元户了。母亲凭借着她的经商头脑和储蓄得当，在当时有不错的房产，但她为人非常骄傲，看不起周边的人，不学习、不进步，很多年都沉浸在自以为了不起的感觉中。

时间拉长了二十年、三十年、四十年，当初那些不如她的人，一个个成了大学教授、银行行长，他们有了更高的社会地位，他们的财产也不断在翻倍。我的母亲却在此时开始了漫长的算计生活，因为她的知识和人脉让她无法掌握赚更多钱的办法，不读书学习让她自闭不已。母亲变得更加焦躁，更加顽固，生活对她来说很痛苦，但是她已经不具备改变的能力，因为她不信书中所写，不信他人所言，而且把自己限制在一个很小的角落里。

当初那些钱，在经历几十年的物价变革之后，已经不再具备当初的价值。当年的一万元，现在的一千万元，不都是如此吗？

人生如同逆水行舟，不进则退，绝不存在保持原状的状态。温床待久了就变成了冷床，繁忙久了人会暴躁，悠闲久了就会让人空虚。

任何状态维持太长时间都是折磨,哪怕幸福也是如此。

因为有理想,人才能调用一切可以调用的资源去提升自己,去助力目标的实现。理想是赤兔奔跑过程中向往的那片草原,在这个过程中,自身的奔跑能力在不断地提升,最终吃到那口草的满足感远小于看到自己变化的骄傲感。理想其实是吊着我们进步的那个诱饵。

4

每个人改变命运,改变生活状态的行动,都不是一件很伟大的工程,它只是日常中的小事。

如果你真的是个有理想有实力的青年,你更该知道坚信自己与众不同的同时也应坚信众生平等。

我曾经问儿童文学作家王璐琪:"怎样才能成为作家?"

她吃惊道:"开始写啊。"

我为难:"怎么写呢?"

她说:"拿起笔记本就写啊。"

是啊,就是这个道理,如果你要成为作家,重要的不是先去博览群书,了解行文结构,而是先写下一个字。

如果你要成为书法家,重要的不是去临摹大师的作品,而是先下笔写下一撇一捺。

你要成为翻译家,重要的不是听懂多难的政府报告,而是先听懂一个陌生的单词。

如果你真的是个有实力有理想的人,想要与那些庸庸碌碌的人有所不同，就更该做好每一件小事，哪怕每天多十分钟去学习英语，多十分钟去读书。这样的小事，能让我们在本来就比别人辛苦的过程中体会到充实和快乐。

目标太多、太过宏伟的人，实现起来就会比那些目标范围小、周期短的人要慢很多，所以要更有耐心。要么就坚持到实现那天，被成就感和自信幸福死，要不就和他们一样，过庸碌或许幸福的生活。

最遗憾的事情，莫过于拥有宏图大志的人，却止步不前怀疑自己；那些分明没有雄心壮志的人，却假装想摆脱适合自己的安逸，试图拥有不属于自己现有水平的光彩人生。

没实力的时候,不要先学别人有气场

气场来源于真实的积累。

——七芊

有一段时间,"气场"这个词特别流行。很多文章里都说一个有气场的人更容易得到机会,得到来自他人的尊重和信任。

于是很多人都被气场理论误导,以为无数次砥砺自己,不断地心理暗示,装出很行的样子就有气场了,就真的很行了。

读者留言说,她在工作之后很害怕那些能说会道异常积极的人。面对他们,她会发自内心感到自卑,因为自己很内向,不善交际,不懂得如何展现自己。

后来她发现,那些表现自己很行的人其实并没有那么行,让她不平衡的是他们分明没有那么行,为什么还能表现得那么有自信。

我对此回答是：no zuo no die。

没有实力，只装气场。

你可以装出那个样子，但是没有那个底气！你不像！也不是！

我成绩一般，高考勉强进了一所名声不错的大学，前男友是不折不扣的学霸，考入了一所211大学。

他经常拉我到他的学校里一起自习。

一次在图书馆，我被管理员拦下，要求出示一下学生证。

我尴尬地看着男友，他为我开脱道：她的学生证在楼上。

管理员不依不饶地让男友上去拿。

最后，男友拿下来的当然不是学生证，而是我们的书包。他尴尬地对我说：下午有实验，走吧。

管理员嘀咕说：图书馆外校学生不可以进。

他安慰我说：外国语大学的女孩子都比较好看，我们学校的女生少而且都比较朴素，所以才说不像。

时隔多年，读到特立独行的猫的那篇文章。她去北大交换读书，结果北大的教授在几百人的大课上看到她，问她是不是旁听生。她问教授是怎么看出来的，教授说：你的眼神就不像！为此她自卑了很多年，为此疯狂地努力才有了今天的成绩。

当年自己眼里没男友眼里那种踏实读书做学问的底气。你没有那个行动，没有那个结果，你的自信是虚空的，就算你以为自己有，暗示自己有，事实就在那里，你不像！你也不是！

被那次事件刺激后，自己拼命写文章，就是为了能在自己擅长的领域积累起真正的自信，为了真正意义上有那样不卑不亢的底气。

人的气场和真正的底气都源自踏实的积累和行动所取得的好的结果，除此之外，再无他法。

咪蒙说得对，这个功利的世界的规则非常明确，就是你能拿出让大众信服的结果。你说你有，你觉得你有，都是没有用的。世界不讲道理，只讲结果。

各行各业都有自己的水平标准，作者的水平也有高下之分，那些在生活中物质层次很高、具备国际视野的人写的文章，和那些虽然读书，但是没怎么经历生活却一直在讲道理的人写的东西是不一样的。

有那个积累和没有那个积累就是不一样。

你出国留学并努力读书和你不出国留学就是不一样，你努力工作和你不努力工作就是不一样，你争取机会赚了很多钱和领死工资就是不一样，等等。这种不一样未必是眼下的结果，而是更长远的人生积累和眼光。

工作之后，遇见过很多夸夸其谈、表现自己很行的人。

有的巧舌如簧，张口闭口互联网思维、国际视野、人脉资源多少多少。结果工作十几年的老前辈只要问一个问题，对方就瞠目结舌，半句都说不出来。

人生如同搭积木，有的人稳扎稳打，有的人恍恍惚惚，看似搭得一样高，但其中一个根基不稳，一触即溃，万事到头一场空。

你没有真实的经历，就没有那样的举止。没有那样的努力和行动,就没有那个层次的认知和视野,不可能有那个底气。

就算你装得很像,觉得自己和别人并没有区别,但其实是真是假别人一眼就能看穿。

到最后发现,除了行动并没有其他可以通往更高级别的办法,谎言只是弱者的鸵鸟精神,好运是嫉妒他人的托词,真相就在那里一动都没有动过,气场不是装出来的,是好的结果积累出来的。

没方法,死撑也是没有用的

把自己热爱的事情变得更加专业,才会有好的结果,熬是没有用的。

——七芊

彭小六老师在文章里讲自己是如何在平台写了一年就成为畅销书作家,月入六位数。文章里有一句话印象很深刻:如果你按照一个套路和思维写下去,不懂得研究和变化,那么你写 100 篇和你写 1 篇其实是一样的。

最后发现,小六老师成长的过程是个不断专业化的过程。

起初他也是写自己的一些思维总结,最后学习更多的东西进行更为专业化的技能传授。为此他啃了上百本书,报名学习手绘,研究行文的解构、读者的接纳程度等方式方法,让自己的文章拥有专业化的水平。

再之后开始组建自己的团队,开始有自己的商务拓展和运营人员，进行更为专业化的运作。

任何事情做到极致的过程，都是需要了解其中的门道与学问，掌控其中的资源与人脉，不断变得专业的过程。

这也是为什么很多人写文章写了很多年却没有起色的原因。凡事不是坚持就有好的结果，不变得专业，坚持再长时间也不会有起色。只会指出问题，难能解决自身生活问题的人是没有说服力和受众的。

最近约了剽悍一只猫、小巴、Scalers 的访谈，这几位无一不是职场规划领域里的大咖。

小巴工作两年，买了两套房，成了秋叶老师运营团队的负责人，《毕业两年，我如何与你拉开差距》的系列里这位简单粗暴、高冷干练的男孩讲述了自己如何在方方面面严格要求、规划自己的人生。

怎样检验自己变得专业，第一就是看到手的结果，第二就是看对你的影响，第三看对受众的影响。

到手的结果中钱是最直接的，还有便是事情做出了被人认可的成绩；对你的影响可能是，改变了你本身的生活方式和行为习惯，让你受益终生；对受众的影响，当然是越被大众认可，影响力越大的越有结果。

剽悍一只猫，7 个月公众号积累了 40 余万的粉丝，实现了财务自由。这个过程中，他在抑郁症重发时期，拿了仅有的 9000 元积蓄中的 5000 元去报了一个演讲补习班，2 个月的课程硬是学了 16 个月，完全从门外汉变成了专业人士，最后因此获得了事业的转机，实现了财务自由。

Scalers 的社群是目前国内最大的线上外语行动力社群，起初只有 100 人，现在也有上万人。如何做收费社群，如何制定社群规则，如何营销热点，他本人都在不断地研究，不断地完善社群规则，同时多次担任政府事务翻译首发的工作。他个人在这个领域不断地学习，拥有专业化的视角和思维，吸引了更多专业人士的跟随。

与其说他们在坚持，不如说他们在坚持中变得专业。在一个领域里变得越来越专业，这才是重要的，否则无谓地坚持是没有结果的。

到后来才发现，熬、坚持其实是最容易的事，反倒是在坚持的过程中学习、动脑、探索，最后做出结果，被更多人认可的过程最难得。

不管你身处在什么行业里，遇到怎样的人和事，把自己热爱的事情变得更加专业，才会有好的结果。

最怕的就是你在坚持的过程中根本不动脑子，以为只要死撑下去就可以了。

人对自己的标准有多高，日子过得就有多好

求千得百，求十得一。目标越高远，奋力追逐之后得到的就越多。

——七芊

曾经为《知音》这本杂志采访过一位"90后"儿童文学作家，她在我的眼中美丽优雅，却不想有那样辛酸的过往。

她家境贫寒，不是寒门苦读改变命运的学霸。她是彻头彻尾的问题学生，成绩极差、带头闹事、叛逆无比，多次被学校劝退，被老师认定为最头疼的学生，被家人认定为最没有出息的孩子。

偏偏她又有一个光芒四射的学霸姐姐，日后还考上了北京大学。在亲生姐姐的光芒下，她所有缺点都被无限放大。在被至亲之人嫌弃鄙视的情况下，她度过了人生中与全世界为敌最为艰难、最为坚韧的十八年。

"为什么只有学习好的人才有出路？我不信！我也一样是个很优秀的人，虽然没有人相信。"我始终记得她说这话的时候眼底的光芒。

大学时候，因为家庭经济问题及与母亲的矛盾，她不顾众人反对，毅然辍学北上，独闯北京，进入一家知名杂志社工作。

最穷的时候，她没有地方住，拉着行李箱在王府井大街上走。她给家里打电话想借点钱，她妈说，你去死吧，然后就把电话挂了。她就一个人拉着行李箱一直往前走，走一会儿，哭一会儿，走到天亮就去上班。

她的老师指着她的鼻子说，就你这种人，不可能成为知名作家，你日后就是那种写文章的穷鬼。

大学辍学的时候，和她关系还算不错的室友把送她到了火车站。她看着人头攒动的人群，心里很害怕，室友对她说：老王，你就一直向前走，别回头。

诸此种种，在这样种种辛酸经历中摸爬滚打的女孩子，硬是靠着没日没夜的写作，在日后获得了"陈伯吹儿童文学奖"和"冰心儿童文学奖"，进入了北京作家协会。她在北京买了房子，结了婚，有了自己的孩子。

我问她："当初为什么一定要来北京？"

她说："因为心气高，只有北京才配得上我的梦想。"

她目光如炬，多年之后提及那个情景，我还能感受到她身上那种"我不服，我不信"的力量。

对自己高标准的期待，支持着她一直逆流而上。姑娘的目标有多高，日子过得就有多好。从一个贫困县城的问题少年到定居北京的知名作家，这条路，无数的人踩压过她，唯一支撑她的就是那个所有人都认为高不可及的目标。

求千得百，求十得一。目标越高远，奋力追逐之后得到的就越多。

相反，那些放弃了高标准的姑娘，日子和生命就在放弃的那一刻开始枯萎了。

曾经的校花是所有男生向往的对象，身为她的朋友，帮她递过无数的情书，羡慕她与生俱来的好皮囊，好品位，羡慕她身上那股时尚气，那股贵气。

这样的校花，硬是为了一个普普通通的工作机会，放弃了大把追求她的好男儿，委身于一个可以帮她解决工作的普通男子，得到了当时让人羡慕的"闲职"。

"我和你不一样，我这个人没什么太大的追求，就想不忙不累，安安稳稳过个日子。"她当年的笑容依旧纯净得一尘不染。

一年、两年、三年，她眼底不再有光芒，她的美丽因为见识不足变得空洞，后来索性不打扮，再没了校花的本色。她每天骑着电动车上下班，日子过得安稳，却再没了那股动人心弦的自信。

《老男孩》里有几句歌词特别感人：

青春如同奔流的江河

一去不回来不及道别

只剩下麻木的我

没有了当年的热血

无数次看到那怯懦的眼神,无数次从别人胆怯的话语里刺探到他们内心的空虚。

"北京很苦逼吧?很累很辛苦,总是加班吧?我受不了那样的生活。"

因为你受不了那样的生活就臆想它的不幸来安慰自己,然后依旧活在温水煮青蛙的生活中,丧失了曾经的斗志。

"我不喜欢这座城市,将来还是想要回去的吧。"

因为顾及着退路而无法勇往直前的你,依旧活在犹豫踌躇之中,逐渐消磨掉了你那非实现不可的梦想。

姑娘,你可曾记得你人生中有一个时刻,目光如炬,破釜沉舟,为一个所有人都不会相信的目标。那股子力量、那股子心气就是你的全部,它带着你的人生从每一个低谷走向高潮。

这几年,眼看着身边每个面对选择而胆怯的人,渐渐失去了眼底的光芒。他们离开了这座城市,依旧在另一个城市经受着这里的一切,那些留下来的,或者真心充满力量离开的,那些眼底还有光芒的,最终都站在了最好的位置,实现了那些被碾压被鄙视被嫌弃却执念要得到的东西。

姑娘对自己的标准有多高,日子过得就有多好。

Chapter 6

不间断地努力,是你走向成功的唯一捷径

努力就是每天坚持做同一件事

打破死循环,从改变一件小事做起

年轻人不想做手艺人,放弃的究竟是什么

说谎,不是在骗别人,而是在骗自己

高效的人生从不做与理想无关的事

年轻最大的遗憾:因为害怕,最终什么也没有做

未经规划的美好,不会出现在生活中

天助自助者,人只能自渡彼岸

努力就是每天坚持做同一件事

努力是每天坚持做同一件事情,并且精益求精。间断一天,之前的努力就白费了。

——七芊

1

最可惜的一种活法就是看上去非常努力,结果依然生活在底层。造成这种现象的原因是,这些人没有进行真正有效的努力,只是在进行安慰自己的瞎忙。

有一段时间,自己也处在这样瞎忙的状态里,看似忙碌却没有创造预期的价值,不断摸索才总结出如下的秘籍。

我当时买了一本日历,把最重要的事情都记下来,跳出自我,看事情的结果。有好的结果就划掉一天,一个月下来,一年下来就能看见自己的有效努力有多少天。

所谓有结果，有两个维度的评判标准：第一，能否展现；第二，自己是否有收获。

举个简单的例子，你原定计划是每天写一篇文章推送到公众平台，有几天写了却不满意，所以当天没有进行推送，那么写的过程就是没有结果的，就不是有效的努力。

不满意的文章还是强行推送，这虽然有结果，但是没有收获，这也不是有效的努力。

呈现与收获，只有二者兼得的时候才是最有效的。

在商业谈判的时候，每天都在同对方进行交涉，忙忙叨叨聊得很high（意指高兴、愉快），但并没有任何推动发展的结果，这根本不是有效的努力。

如果在洽谈的过程中，对方同意了你的条件，并出示了相应的合作协议，推动了大局的进展，你也从这个过程中收获了各种专业谈判和业务相关的技能，那么这就是有结果的事，是有效的努力。

2

除了有效的结果，努力还必须有持续性，间断一天，之前的所有努力就有可能白费了。

编剧老王曾经持续向一家影视公司投稿，但一直没有得到回复。他坚持了很长时间，基本上是一天写五集的节奏。

有一个星期，老王因为长时间没有得到回复而郁郁不得志，所以没有继续投递。就是在那个礼拜，那家影视公司的工作人员打开邮箱，在当天数十个邮件里挑到了一个人，老王失去了梦寐以求的机会。

所以，世界上所谓的运气不过是你持续地在准备，而碰巧有个给你机会的人。你坚持的时间越短，遇到这个人的可能性越小。

如果不持续做一件事，永远不知道自己的问题在哪里。

早年，我采访《不畏将来，不念过去》的作者十二老师的时候，说到她的写作事业，她说自己过去一直都在写博客，持续地写才能锻炼自己的技艺，发现自己哪里写得不好，哪里有问题。写得非常好的人，并不是自己认为好就可以了，是有很多学问的。

怎样选择题材，每一个段落的设计，每一个章节的设计，在什么时间段推送，市场行情如何，都具有非常高深的学问和技巧。

那些只凭借着一时一事的热情，妄自把风花雪月堆砌成经典，苦于没有伯乐发现的人，其实是很不用心去学习技能，将事情做出结果的人。

只有持续坚持做一件事，才会发现自己的技艺生疏在哪里，应该如何加强。

3

如果你希望当初的目标都实现，就不要总是在追寻目标的过程中间断。这就像你持续敲打一根螺丝钉，它就会以最快的速度进入你想让它进入的地方。如果你总是隔几天一打，隔几年一打，它可能永远只会停留在那里。

目标的实现绝对不是熬出来的，一定是量变引起质变的结果，是持续行动才能得出来的。

如果你只是坚持一两天，然后不断胡思乱想，不断地纠结，不断被别人的价值观带偏，然后重新坚持，那么有效积累就会非常少。你一直会生活在你很努力的假象里，并不会有好的结果。

人在成长的过程中应该有一部分认知是先成熟起来的，比如拒绝拖延，拒绝畏惧压力和胡思乱想，拒绝间断。

我经常会听到一些大学生读者对我说，他们想选择一个怎样怎样的工作，不要太累，自己不是那种很喜欢竞争的人，不要这不要那，但是想要钱，想要好的福利待遇，想要高档次的公司。

这就是选择拖延、畏惧压力、胡思乱想的体现，他们会间断性地逃避社会，然后以此往复。

如果你不知道自己要做什么，就持续地去探索自己要做什么，如果你面试了100家企业，每天都在招聘网站上浏览20个职位，坚持一个星期同三个人联络了解职场的具体事宜，不信你找不到你喜欢做的方向，找不到适合你的工作。

寻找目标也是一种努力，无论你把什么样的目标确定为努力的对象，你都应该知道这必须是一个持续的过程，甚至很可能因为一天的间断而前功尽弃。如果人没有这种紧迫感和节奏感，很容易在这个持续进步的社会里被抛在身后。

4

坚持不懈，只是不要松懈，并不代表不休息。很多人，往往在紧迫感和焦躁感之间失去了平衡。

治愈这种失衡唯一的方式就是每天都做同一件事，每天都想着把这件事做好，然后放松休息，然后继续下一天。当你把所有的生活都量化的时候，并不是一个无聊的过程，你会发现大量的充电时间，会找到更多可以做的事情，会挖掘自己更多的价值，带来愉悦的心情。

只有空虚懒散才是无聊的，多动一点儿脑子就会快乐很多。在追求目标的道路上，持续有效的努力是最不能缺少的东西。

打破死循环,从改变一件小事做起

人生有很多死循环,如果不想混吃等死,至少要改变现在生活中的一件小事,并且长期坚持。

——七芊

1

古典老师的《拆掉思维里的墙》这本书中有一句话:你不能每天干着同样的事,还指望有些不同的变化出来。

生活中有太多的人,每天朝九晚五地工作,每天都在做同样的事情,深深陷入无力感之中,却不知道如何突破这样的死循环,于是慢慢变成"我什么道理都懂,就是做不到"这种认知与行动严重脱节的人,依旧生活在懒散低迷的状态里。

这样的人看到什么样的文章都觉得心头一点儿鸡血,然后依旧站在原地。渐渐地,他们觉得阅读没有用处,索性封闭自己,依旧站在原地挣扎。

2

周末的时候见了人才分析师廖舒祺老师,她同我讲述了很多咨询者面临的问题。对大多数咨询者而言,面临的问题都是事业发展到了瓶颈的时候该如何转型?

转型是要抛弃掉过去的思维模式、工作地位、光环,这意味着他们会牺牲很多,但是大多数咨询者依然愿意,因为他们认为在过去的环境里自己快要变成一潭死水。

人要尝试一些新的东西,放弃一些旧的东西,才能得到真正意义上不一样的人生。

如果你每天都在重复同样的事情,没有任何新的思考和行动在其中,没有取得任何成绩,对你而言,不管你的一颗心如何上进,你都没有办法做出想要的结果,过上你想要的生活。

3

打破死循环,从改变一件小事开始。

观察你自己每天都在做的事,改变其中一些事的做事态度,或者删除一些不必要的事,或者加入一些新的事,最好每周每月每半年都进行一次总结,不僵化思维模式和思维态度。

如何去做?具体而言便是培养一项兴趣,最好不是打游戏和淘宝。

如果你想人生积极一些,就要远离高频率的放松活动,比如淘宝和打游戏。我曾经有过类似的经历，下班后躺在床上开始淘宝，持续了半年多的时间，慢慢地做事开始拖拉、懈怠，在做正经事的时候总是想要躺着犯懒淘宝一会儿再说。

为了改变这个毛病，我卸载了淘宝，并要求自己去商店里买更好的商品提升自己的品位，制订了每年出国的计划，以及这当中的购物计划，不把钱浪费在网购上，买高质量的产品来提升自我。

很多男生打游戏也是如此。

任何放松的事情高频率去做，慢慢人就会懈怠。无论你如何想好，身体都不会听你的指挥。人的思想是很活跃的，身体却比思想迟缓很多，如果任由身体主导思想，总是为身体提供舒适懒散的环境，慢慢它会一直拖住你的思想。经常运动可以避免身体上的懒散。

4

兴趣能让你充满魅力，因为你将从学习它的过程中轻松快乐地获取到知识，体会充实感和成就感。

我确实是因为持续写作改变了生活状态，因为持续写作需要很多的主题，需要更多的写作方法，需要很多的人物，所以它在刺激我不断阅读，不断地写文章，不断地访谈、与人交流，这个过程中我不但看清了自身的问题，还从中学到了很多，开阔了眼界。

如果你的生活除了工作就是放松，不断地死循环，那么建议你在其中加入一项你的兴趣。只要是你的兴趣，你就可以从中调动一切精力去学习，坚持高频率的兴趣投入，坚持发展它，半年以上它足以削减你懒散颓靡的生活旋涡。

5

学习一门新的技能。

"知识就是力量"是在工作之后才感受到的,因为你会遇到各式各样的问题。如果你之前涉猎过这样的知识,便懂得如何高效解决;如果你没有涉猎过这样的知识,面对突发状况时会困顿挣扎,遇到顽固的人无论如何也挣脱不出来。

大部分成年人面对问题时,他们都希望自己能够迅速解决,但却不知道要如何解决。对于大部分难以解决的问题,从某种程度上讲确实是知识的欠缺。比如说产后抑郁症这种病,很多人不知道自己是产后抑郁症,所以在生完孩子之后兀自沉溺在坏心情里、痛苦挣扎,不知如何解决。但有些人提前知道可能会面临这样的情况,所以提前读了一些相关书籍,心里有准备,治疗起来也快,避免了很多不必要的痛苦。

读书的时候知识只是书本上的,但是工作之后才发现,知识是方方面面的,我们生活中的大多数痛苦都源于我们对一些领域缺乏认知,不具备相关的知识,不知道问题在哪里,不知道如何解决。

学习一门新的技能,哪怕每天去插坐学院、赤兔上听一些线上培训课并长时间地坚持,至少坚持半年以上。这种知识的补充将会带给你不一样的充实,你会发现无论是工作还是生活,都会因为掌握了更多的方法、更深刻的认知,而变得轻松、高效。

6

定时与人交流。

活在自己的世界里,看不起外面折腾的人,习惯性否定他人的人其实是在慢慢地封闭自己。

人不与其他人交流的原因是生活圈子狭窄,周围的人和自己都有差不多的价值观,感觉没有交流的价值。其实你真正需要与之交流的是那些态度积极,在某方面比你强很多的人。

认识一个在三线城市创业的男生,张口闭口就是现在形势多么多么不好,很多人创业都失败了。这种心理暗示会影响他做事的结果,他创业很多年依旧毫无起色,举步维艰。

对于大多数成功创业者而言,身边一定是成功的人多于失败的人的,或者说他们从别人失败的角度看到更多值得学习和借鉴的宝贵经验,而不是以此否定自己。

多与人交流,不是向人抱怨或者听人抱怨。

这些年改变我的就是在业余时间不断地去做人物访谈。我采访过大公司的 CEO,采访过小人物,两者都很真诚,但是认知格局完全不同。通过与不同的人聊天,去涉猎他们的价值观,从他们身上学习,慢慢能看到问题的所在。

对于普通人而言,可以花一顿饭的钱去约见一个领域的大咖,这绝对比你和周围同事叽叽喳喳地聊天有效果。

跟人学比跟书本学同件事要高效很多。

7

每天向自己要结果。

如果你每天工作生活都没有结果,那你会发现你在无限制地拖延。

真正能推动人的不是思想,而是思想带来的行动结果。

自己有巨大进步的一段时间就是每天强制向自己要结果,每天输出一篇文章,一个月输出多少篇访谈,一个月赚多少钱,怎么赚。

最开始比较痛苦的是能力达不到标准,经常憋了半天也写不出一篇文章,但是为了完成目标不拖延,怎样都要写一篇。最初文章的质量不高,但是慢慢地因为做事有结果,每天都坚持,自己越来越有劲头,文章质量也高了很多。慢慢也有了一些编辑和作者朋友的推荐,签了自己的新书。

我时常在想,想成为作家想了很多年,但是为什么这一年持续地写文章就实现了出书写作提升自己的愿望呢?

结论是,过去的很多年我都停留在想的阶段,做事没有结果,而通过高强度的写作强制自己要结果的这种方式,积累起很多真正有意义的做事结果,真正能推动目标达成的就是这些做事的结果。

如果你无限拖延,没有激情,强制向自己要结果是一个绝佳的好办法。

人生有很多死循环,如果不想混吃等死,至少要改变现在生活中的一件小事,并且长期坚持。

年轻人不想做手艺人，放弃的究竟是什么

> 那些留下来真正做事的人就是手艺人。找一个不滥情的位置，不鼓吹什么情怀，做一件你想做的事。不要以为把这件事做成仪式，每天按部就班完成工序就是很用心了，而是变着花样把它做到极致，研究它，锤炼它。
>
> ——七芊

泰国旅行时带去的比基尼是小金领还在迪桑特上班时送我的。

那时候她向不识货的我普及知识：别小看这泳衣，国家跳水队的泳衣都是从我们公司定制的。这一件的标价都不低于3000元，就这个泳帽，你别看它普通，这可是申请了世界专利的，这个可以有效减少人在水下行进时的阻力，是科技，懂吗？科技！

我拿着这套布料很少的比基尼，嘟囔了一句："看不出有什么特别。"

她一脸恨铁不成钢的样子，说道："这上的logo是真正的施华洛世奇水晶啊！这面料是速干的……"

小金领毕业后进了一家日本的奢侈品公司做财务，她经常可以在

员工内卖的时候以低价买很多公司的大牌，我对她公司的认知就是日本人可怕的质量保障。

"这件毛衫，我们公司的承诺是：穿起球，拿小票，终身包退包换。"

"你知道这羽绒服的成本是多少钱吗？这衣服的成本就是 1000 元，这里头的鸭绒都是西班牙进口的，这个白色面料是纳米防尘的……"

"真无语他们了，残次品的理念太严苛了。同一批衣服，打标签的时候少打一个合格证，这就算是残次品，残次品直接销毁……"

我往往是一边拿着她内卖买来的衣服感慨日本人对服装生产的态度，然后一边吐槽他们缺憾的审美能把衣服设计得这么丑。

我曾经问小金领："你们公司这么精工十足，卖得出去吗？不亏损吗？"

她回："废话，当然卖不出去，连年亏损……"

"连年亏损还要生产，日本人真是轴啊！"

在普吉的海边，女生们穿着各色的泳衣，那样鲜艳、单薄，但仔细一看，有的人泳衣上带着线头，有的人泳衣已经轻微开线，有的人的泳衣虽然漂亮，但一眼就可以看出是廉价布料，海水濡湿下已发生了轻微的变形……

最让我记忆犹新的是，海滩之后便是游艇，游艇风驰电掣，女孩子们穿着湿漉漉的比基尼都冻得瑟瑟发抖，汗毛直竖，站在甲板上不住地跺着脚，只有我身上的泳衣是干爽的，在阳光下熠熠生辉。导游说："小姑娘，你这套泳衣很贵吧。"我说不贵，他说"你别骗我，我识货"……

这对话，好像是小说里一个兢兢业业的手艺人做了一件质量十足的东西却没人赏识，最后以便宜的价格卖给了一个稍稍有好奇心的人。在之后的很多年，另一个大风大浪里穿梭的人一眼就看穿了这件东西背后的手艺人真切的用心与精神，大有伯牙摔琴谢知音的意思。

那一刻，对日本人手艺人的态度肃然起敬。用最真诚的态度，兢兢业业地制作，哪怕无人理解，无人购买，在细微之处也要做得最好，让每一个使用它的人都感受到舒适，这就是手艺人的精神。

《奇葩说》有一季讲女孩要不要刷爆卡买包，很多人说为了追求品质该买，有人说那就是虚荣。

我觉得，真正需要付费的是手艺人的精神，为真正兢兢业业做好产品的手艺人附上我们的金钱与敬重。所以不一定要买大牌，因为不是所有的大牌到如今还拥有手艺人的精神，但应该为那些兢兢业业、用心制作的手艺人付费，对他们认真的态度给予最高尊重。

我们会因为每一个用心的东西而受到启发，渐渐开始知道，真正能改变这个世界的是积极用心的态度。

很遗憾，包括早年的我在内，很多年轻人都没有想过做一个手艺人，我们更倾向于来钱快、见效快的生活模式。

那些找我咨询工作选择的大学生，他们选择工作的第一标准就是：工资。他们攀比的是谁进了哪家大公司，哪个地方工资多，很少想过他们应该怎样将一件平凡的事情做到极致。

我见过很多人，他们对新兴的产业趋之若鹜，这个行业火马上就投身，那个行业爆马上就转型。他们一直都在这样不断地折腾，为的就是多赚几个钱，多一些名与利。

年轻的时候就是这样，有好工作的地方钱给得少，给钱多的地方你又对工作内容挑三拣四，似乎总是要有一个合适的开始、舒服的环境，才可以大展身手。

这种认知就是我们缺乏手艺人精神的开始。

我有位做编辑的朋友，在穷酸的杂志社工作了四五年，工资不高，底薪只有2500元。她兢兢业业地研究如何做书，做故事，写故事，中途有很多人都劝她离开纸媒，离开钩心斗角的办公环境。

她说，自己目睹了很多人嫌弃工资低环境差人际关系恶劣而选择离职。

最后，这么一个努力的女孩，她的书火爆了青少年读者圈，靠卖影视版权赚了几百万元。

她很低调，她说自己什么也不会，也没什么资本和别人攀比，只要把一件事做到极致就可以了。

这就是手艺人的精神，无论外面环境如何，自己踏实做到极致就可以了。

知名作家秦明老师跟我讲："写书这种东西是骗不了读者的，你不要看那些几十万、几百万的虚报销售额。公关营销做得再好，你都骗不了那些真实读书的人，真正买书的人都在二三线城市，他们不懂市场也不懂流行，但他们不是傻子，你用不用心，他们是可以读出来的。"

任何行业、任何位置都是如此，只有真正用心的人才能有真实的收获……

那些留下来真正做事的人就是手艺人，找一个不滥情的位置，不鼓吹什么情怀，做一件你想做的事，不要把它做成仪式，以为每天按部就班完成工序就是很用心了，而是变着花样把它做到极致，研究它，锤炼它。

可惜的是，我们曾经没有觉悟做一个手艺人；可惜的是，我们曾经浪费了很多时间在虚无的追求上；还不算可惜的是，我们都可以从现在开始做个手艺人……

说谎,不是在骗别人,而是在骗自己

人说谎的目的有时并不是欺骗别人,而是欺骗自己。但其实,真相就在那里,根本就没有改变过。

——七芊

我们所生活的时代,人们不再为了自己的谎言而焦躁不安,人们将自己的谎言信以为真并且付以真诚。

很久前从书上读到过一句话,觉得很有意思:人活好了现在,连过去都可以改变,更何况是未来。

原来搞不懂人为什么要改变过去,直到我遇到了Sherry。

Sherry是"白富美"一枚,都市女白领,看着吃穿用度和那些"富二代"全无二致,拎名牌手包,戴名牌手表,留学澳洲。她说她的男友自己开公司,她爸妈是家乡的省厅干部。

后来相处久了,她悄悄对我说,其实她男友是模特公司的小经理，她家庭很不好，爸爸是保安，妈妈是扫地工人。她外语确实很好，但不是留学澳洲，而是自己从小到大刻苦学习的结果。那些买奢侈品的钱，都是她同时做几份兼职得来的。

Sherry对我讲她初来北京工作的时候，同事们发现她是个没背景的"小白"，经常嘲讽她没见识，下绊子让她在工作里出丑。

Sherry后来换了公司，她说通过那次经历她算是懂了，一个女孩单枪匹马在"帝都"闯荡，没有看得见的成绩的时候总要有点身家背景和靠山才能不让人欺负，不让人小看。

她开始学习品牌，了解时尚，学习礼仪，做兼职拼命赚钱，把自己打扮得好一点，职场技能殷实一点，吃穿用度更大气一点，多去结识那些精英。不久，同事之中就有不少"白富美"成了她的好朋友，圈子的质量明显提升。这几年，因为努力和人脉的帮衬，她已经升任了经理，在自己的领域小有成绩。

Sherry的自尊心不允许她承认自己出生于卑微的家庭，她选择用今天光鲜亮丽、无比努力的自己来抹杀那些卑微的过去。

无论Sherry将自己表现得多么好，在那些看不见结果的日子里，顶着假面生活的她都非常痛苦空虚。因为经济原因，她必须同时做很多份工作来满足自己嘴上的"好出身"。

为此她更加悲观地觉得非常不公平，陷入愤愤的生活状态中，后来更是养成了酗酒的恶习。

不管出于怎样的理由说谎，最后承担恶果的都是自己。

不够强大的人删改过去，真正强大的人接受过去。人说谎的目的有时并不是欺骗别人,而是欺骗自己。但其实,真相就在那里,根本就没有改变过。

我采访作家天涯蝴蝶浪子的时候,他讲道:"早年的我狂放不羁,同时答应几个女孩的表白,看她们厮打。"

我对他说:"这些事如果写出来,对你本人也有不好的影响。"

他淡淡地回应:"那确实是我,我现在变了,但我过去就是那个样子,我不想删改真实的自己。"莫名,肃然起敬。

也许每个说谎的人都有一个想要极力隐瞒的悲伤过往,但是那些能坦然承认的人才是更加可贵的。

在你强大的时候,坦然承认,就没有人能抓住你的把柄。在你弱小的时候,可以对不想说的事保持沉默,不吹嘘说谎,即便受到嘲笑也不丧失内心的自持自重。

真相永远不会改变,改变的是人的内心,谎言不会长久地欺骗住人们,但会蒙上自己的双眼。愿你岁月静好,真诚善良,内心不被谎言侵蚀,坚定得固若金汤。

高效的人生从不做与理想无关的事

如果你总想着同时去做很多事，那么你的精力就会被分散，高效人生要减少做与理想无关的琐碎之事。

——七芊

现实生活中总会遇到很多干扰项，让你没有办法专心地做好预期中的一件事，比如你很喜欢你的工作，结果对比他人的工资，分分钟想辞职；比如你分明想买辆车，结果别人说买房更好，你又动了买房的念头。

这些都是人们不够专注坚定的表现。如果我们始终处在这样的状态里，便会经常更换自己的目标，最终会因为选择疲惫而一事无成。保持坚定是值得我们耗费大量的精力去学习的。

1

人如何保持坚定？

第一，不受那些与自己核心价值观不符的观点的干扰。

世界上本来没有绝对的对错，只是大家观点不同而已。只要你能感知到自己在一直进步，不是在自我安慰、故步自封，那么你的认知就是最适合你自己的生活方式。

如果想要钱，就不要受钱不好的观点干扰；如果想换更适合自己的工作，就不要受跳槽不好的观点干扰。

尽可能地在这个信息爆炸的世界里对自己的目标做出准确的判断，想要怎样的结果，就要选择适合这个结果的思维和路径。

坚持行动，最终才能得到预期的结果。总是被各种东西干扰，牵扯自己前进的决心和勇气，只能原地抑郁。

第二，保持学习，保持交流。

制订学习的时间计划，定期复盘。

去appstore里了解更多的软件，去当当、亚马逊浏览最新的书籍，去喜马拉雅、插坐学院等课程平台学习新鲜的知识，去参加社会活动。学习是我们与世界交流，不被时代落下的最好方法。

和比你强很多的前辈积极交流，时刻了解行业信息，同不同领域的人多沟通，尽可能获取更多与你有关的知识与信息，避免在做决定的时候故步自封、自傲自大。

第三，和别人聊他们擅长的东西。

和谈不来的人探讨人生意义之类的核心问题，带来的往往是毁灭性的打击，彼此没有共同语言，更容易产生矛盾。

挖掘每个人擅长的部分，和他们聊你不懂、他们却很擅长东西，会发现自己的知识面和视野在慢慢开阔。

第四，设定小目标，积累自信。

当你开始做一份工作的时候，最开始要想到离开这里的时候你要得到什么。

在工作中要侧重积累得到你想要得到的东西，这是高效的前提。

那些在一个岗位上耗了好多年却一无收获、机械劳动的人，就算他们兀自安慰也积累不起自信。

2

人的价值观要符合社会的价值观，用结果说话。

很多人很喜欢自嗨，活在自己的世界里。

一个人说自己怎么怎么好，自己活得多么有滋有味都是孤芳自赏，没做出一点让社会有共同认可的事，没有社会共同的认知，是没有意义的。

这就好比大学生找工作的时候，有个非常需要好口才的职位。一个人对面试官说他获过全国辩论赛第一名，另一个对面试官说他朋友都说他很能说。

那些自己认为自己很厉害的人，在社会上容易找不到自己的位置，他们很迷茫。为什么自己这么厉害还是会被埋没？原因是他们没有符合这个社会评定标准的成绩。

站在这个领域的专业角度去看真正的评判标准，根据这个标准制订出实现目标的计划是非常要紧的事。

3

不要在还没有成绩的时候,做太多与理想无关的事。

不要在还没有成绩的时候,把自己的精力分散在很多领域,那样终究一事无成。专注于眼下,专注于一个领域先做出成绩才是最有效的人生。

采访"选择自己"的CEO Kyle时,他说,他当初创业的时候也很迷茫,到底要不要在企业工作的同时出来创业。

一位朋友对他说,人只能集中精力做好一件事,分散太多精力往往一事无成。所以他集中精力学习新媒体,经营自己的账号和公司,才有了今天的自己。

不要贪多,聚焦且全力以赴。

这是个浮躁的时代,似乎每个人都想在年纪轻轻的时候赚大钱,拥有属于自己的成就感。很多年轻人拼命跳槽、换工作,到头来却发现自己折腾了很久却没有方向,一事无成。

莫不如集中精力做好一件事,不嫌弃它的渺小,容忍它的孤独,缓缓陪着它踏实成长,等到它开花结果的那天。

年轻最大的遗憾：因为害怕，最终什么也没有做

想要生活平安顺遂，精彩纷呈，就要容忍一开始的糟糕。

——七芊

我很小时候就发现了一个秘密规律：当你开始做一件想做但之前并没有做过的事情时，第一步迈出去时并不会有任何美好的回报在等你，境况往往比没做这件事的时候更糟糕。

1

我从小一直写正楷，高二那年突然改练行书，原因很简单，正楷写得太慢了。于是随便买了本行书的字帖跟着描，结果新字体将之前字体的风骨冲得七零八落，字越来越难看。

同桌说我的字越来越丑了，老师也当着大家的面批评我说不能这

么糊弄宣纸。

当时真是有苦说不出，但无论如何也变不回原来的字体了，索性就耐下性子继续描那本字帖。

两个月后，我的字体彻底变成了行书，可自己除了写字变快之外并没有其余的感觉。直到大学的时候替班长签到，班长大呼小叫说："你字写得真好。"

再后来，我写了院系大型活动的所有请帖，被老师抓包帮他写期末测评，左右开弓，写两三种字体，莫名受到了认可也是受宠若惊。

2

刚工作那会儿，被刻薄的前辈批评说："你怎么什么都不知道。"

在那之后，自己默默地把全国所有相关的公司、名人、媒体都列了个表，每天详细了解几个，然后同业内同行交涉相关的市场信息，每天规定拓展几个合作伙伴，一周与几个详谈，一周学习多少业务知识，一周与多少行业精英对话，寻求市场策划业务指导。这时，我积累了大量的信息和岗位技能。

一年之后，我遇见360公司的一位资深公关，他说："小姑娘，这么多业务在一年之内都能了解，很不容易。"

我当时错愕他的赞许，有些进步就是在不知不觉中完成的。

无论是写字还是工作，当你开始一个新的抉择，一个需要离开旧生活开始新创造的过程时，迈出的第一步肯定会使你比现在更糟。

有人说，那我不迈出这一步不就好了，永远和现在一样幸福，我喜欢安逸。

花无百日红，人无千日好。早时不算计，过后一场空。人无远虑，必有近忧。

过去看过一部纪录片，飞机坠毁在丛林，有的人抱着乐观的态度在原地自我激励自我安慰等待救援，最后这些人死了大半。那些克服恐惧沿着水源一步一步寻找生机，分外艰辛地摸爬滚打的人最后活了下来。

第一步总是艰难、痛苦、分外险阻的，但是勇敢踏出第一步的人慢慢会看到更好的风景。

如何能顺利度过第一步的折磨期？这就需要我们高度聚焦在要做的事情上。

我早年采访儿童文学作家王璐琪时，我问："如果痛苦来了，那怎样才能尽快挣扎出来呢？"

她说："我不挣扎，我只做事。"

大多数人战战兢兢迈出第一步，受到挫折后自我怀疑，然后追忆过去，痛苦迷茫，通过求助、逛街、吃火锅、痛哭等方式发泄内心的创伤，再进行一轮自我激励，走出，再遇见新的问题，依次循环。

这样的人什么时候才能熬过痛苦看到曙光呢？他们大多数在刚开始的时候就放弃了，然后不断重新开始。造成这种现象的原因是他们考虑了太多的前景，没有安心做好眼下的事情。

第一步固然艰难，但却是通往更好之路的唯一开始。认清这一点，痛苦不会很长时间，忍耐也不会有多折磨。

不要动不动就来个间隔年

> 在 A 处出了问题却想在 B 处找答案的人,毫无疑问,是在浪费时间。
>
> ——七芊

国外很流行一个词叫作间隔年,大学毕业要来个间隔年适应社会,工作要来个间隔年调整自我。

这些年,身边没有工作、来个间隔年的人越来越多。

客观分析下,国内的就业形势非常紧张,如果在毕业的时候来一个间隔年,下一年你就不再是应届毕业生,会因为没有相关领域的工作经验而被很多企业拒之门外。

刚毕业的你们,大概想象不到社会工作行业分工之细、专业度之高会给自己的人生带来怎样的危机。如果你工作几年离开岗位,再想回到职场中也会面临信息不对等、技能水平限制等问题,会面临重重困难。

你会因为选错一个行业或者一个职位而消磨掉之前的优势,因为错误的第一步而在之后的转行中分外艰难,会因为浪费了一年的时间而落后于人一步,人生哪有什么"什么时候开始都不晚"。对于你来说,当然开始比不开始要好上很多,但比起在这条路上行进的其他人而言,你已经晚太多了,要付出更多的努力和辛苦。

很多人对选择没有重视的心情,碰了壁之后就选择逃避和思考,于是可能会出现第二个间隔年、第三个间隔年。

志铭在一家国企做对外洽谈的工作,压力最大的时候只要听见老板的声音都浑身颤抖,后来因为受不了公司的压力选择离职,然后游历四方,乐呵不已,休息了将近一年。

重新寻找工作,看到完全不了解的行业,没有半点琢磨研究学习的意思,乱头苍蝇一样投简历,还是迷茫无助地要死。

很多人面临毕业、转行,走到这一步的时候,就开始想要一个间隔年来适应,来逃避。他们打着间隔年的名号,放松自己。而真正间隔年的意义是摸索尝试出新的方向,绝不是虚晃度日,放飞自我。

如果打着休息的目的度过自己的间隔年,真的没有必要,歇一年就比别人落后一年。

方向是在行动之中寻找的,绝不是拍脑门想就能想出来的。

时间花在哪里都是看得见的,你花在研究方向、研究工作、研究技能上,几个月后就会有所建树和了解;你花在旅行和思考人生上,几个月后也会在强身健体和人生感悟上有所进步。

但是最怕的就是你明明需要解决A处的问题，却总是去B处要答案。

很多真正行业里的精英，他们对自己时间的掌控、情绪的掌控都是非常严格、标准的，需要解决哪方面的问题，就在哪方面花精力寻找，固定的时间期限前一定会完成。

哪里需要什么间隔年去超度自己灵魂的方向！

人生就是一场马拉松，有的人跑几步累了就变成散步，要不就嚷着要休息。有的人一直坚持跑步，在行进的过程中调整呼吸，调整行进的步速，调整看风景的心情来达到放松的目的。

那些想着休息的人跑不到终点，那些想着逃避的人永远解决不了问题。

不管你要做一个怎样的决定，只要不断地在路上行进着，自我进步着，提升着，不是在打着迷惘的旗帜犹豫不决着，总会找到办法。

不要动不动就来个间隔年，因为你已经浪费了很多时间。缺啥补啥，指哪打哪才是要紧。

Keep moving，永不止步。

未经规划的美好，不会出现在生活中

规划让生活免于漫无止境的拖延。

——七芊

趁早 CEO 王潇在接受访谈的时候说，她十三岁就开始有了规划的概念，每天不断罗列计划，按照优先等级行动，因此在人生的每个大方向上都收获了强大的自信和准确的自我定位，她的把控极为清晰和严格。

她坦言大目标和小目标同样重要，大目标决定了你的方向，小目标决定了你到达的速度。

正因为如此，她一次又一次在人生的不同阶段实现了自己的预期，成了光芒四射的潇洒姐。她的品牌趁早主打人们要趁早规划时间的理念，以自律的状态掌控自己的人生，受到读者们的疯狂追捧。

每一个过了二十岁，正在读书或正在工作的人都应该相信规划，都应该趁早意识到：当你走入社会，你的人生便不再有单一的目标，它开始发展出无数的可能性，那些未经你规划的美好基本不会出现在你的人生中。

越努力的人越幸运，你可以相信吸引力法则，但不能相信假装努力的侥幸心理。不去规划自己的生活目标，就会渐渐丧失掉很多机会和可能性，会因为失控而生活在痛苦和迷茫之中。

规划究竟会让我们的生活轻松快乐多少？

有规划的人生会有效避免情绪焦虑所带来的时间浪费。

有几个月因为工作业务的不熟练，产生了逃避心理，我经常不想上班，沉迷于看剧、聊天。走出那几个月，发现很多问题还是没有解决，还是需要理清思绪重新面对。

那个时候我第一次意识到：如果人在一个时间段没有一个细致的规划，没有一个实现目标的时间，没有这种因方向明确而产生的行动力，那么这个人非常容易因为情绪而浪费掉很多的时间。

细想起来，那两三个月就是非常完整地被浪费掉了，并不存在放松心情这种事，反而因为一直不面对问题使心理负担更重。至今非常后悔，如果能利用起那段时间，会创造出更多价值。

那些没有规划过的美好不会出现在你的生活中，你就是这样同别人产生差距的。

工作两年整的时候，认识了业内一位同龄的男经理。他在刚毕业的时候就开始研究买房和炒股，现在已经有两套房子了，股票靠着赶上了牛市，也有了百万盈余。

当时受挫岂止一点点。为什么自己没有买房？因为从来没有规划过这件事，所以两套房这件美事就不会出现在我的人生中。为什么没有理财？因为自己从来没有规划过这件事，所以靠股票盈余百万的人就不是我。

因为别人有这个目标，有实现这个目标的规划，有了规划就有了努力的方向和节奏，而我没有，这就是我们产生差距的原因。

那个时刻才发现自律、规划对于一个人来说，完全可以开辟人生的另一种可能性。

世界就是你想要什么，你就可以得到什么。可怕的不是你想要却眼睁睁地看着比自己更有方法更努力的人得到，而是你压根儿就没想过自己也可以有这样的美好。

说搬家，一直说搬家，却从来没有选房子，看房子，研究装修。于是在这栋公寓住了两年，真心把房子住得自己都讨厌了，家具换了几波，才发现搬家这件事拖延了两年。

我从大学开始就想出书，但是当时只是想，没有落实到如何才能出书，需要怎样的作者定位，粉丝要积累到多少，怎样研究行文结构和技巧，怎样积累渠道传播，哪家出版社或文化公司擅长做这类题材，怎样才能结交到重要的人，这些细节都考虑得很少很少。没有一个实现的节点，没有一个实现的步骤，所以一拖就拖了四年。

很多时候，虽然信念是好的，但是光有信念是不够的，没有实现梦想的步骤和方法，你的梦想只是空想。

如何做一个对自己有效的规划？

第一，定一个年目标，然后拆分成季度目标、月目标、星期目标要完成的份额。

第二，细致到每天的时间，形成规律的作息，计算付出在同一件事的时间，以及产生结果的时长和周期。对自身的个性和做事产生结果的能力有一个相对稳定的观察和结论。

第三，定自己能完成的目标，哪怕只是一个很微小的目标都可以。当你持续实现了很多微小的目标时，就会感到自身目标的微小为自己带来的局限，为了突破这种局限，自然而然会确立更大的目标。

如何做到长期坚持完成规划？

第一，所谓的努力就是每天做同一件事，并且坚持把它做得更好。

第二，培养一项可以坚持三年的事情、每天都要做的技能或爱好，规定每天投入在其中的时间，根据自身的实际情况进行调整，尝试记录投入在这件事的时间和自己在其中的变化。

第三，每周、每月、每年进行总结，善于总结规划其中的失误点，并予以分析，提出改进的办法。

第四，持续学习。每天规划好持续学习、与人交谈的时间。持续摄入知识，与人交谈，头脑才不会空虚，精神才不会萎靡。

第五，把运动和娱乐也安排到日常的时间中去，不可能一直都在工作或高速运转，这样效率反而低。

心态不好、起点低、环境差等这些处在劣势中的问题在好的规划和持续的行动下都可以被弱化。这个年纪我们不能再相信侥幸，因为上帝要管的人太多了，很难给我们幸运，幸运都是靠自己争取的。

这个年纪，请你相信规划和行动，不要相信侥幸。

天助自助者,人只能自渡彼岸

人得自己成全自己,没有人能够帮助一个不知道自己去何方的人。

——七芊

我读雪小禅,读了十几年。

她的《在薄情的世界里深情地活着》中有一段文字我记忆犹新:那是怎样的一年,仿佛每一天都过不下去了,仿佛这世间没有一点点温暖和阳光,一个人漫无目的地在大街小巷走啊走,无人诉说,也不想诉说。再回首,正是那一年,收了余恨免了娇嗔,懂了因果知了慈悲,而文字有了风骨与格局。自渡彼岸,以光阴为楫,任风吹,任雪来。很多光阴,你必须独自一个人度过。以为过不来的万水千山,一定过得来。

莫名地对自渡彼岸四个字记忆深刻。

人慢慢成熟的时候才会发现自身产生的困惑与痛苦，必须由自己来解决，永远无法将对自身的救赎依赖在他人身上。

毕业那年，大连时尚的花裙碰撞着北京倨傲的残酷，我猫在劲松深处的一栋 70 年代的咖啡色小房间里，望着窗外破旧的天空，反复抉择着到底要去哪里工作，愁苦到了想自杀的程度。

那是一段黑暗又迷茫的日子，我对庞大的社会一无所知，看不懂职位的要求，看不懂行业的分工，内心非常希望有人能帮我一把，但在这个城市里我连一个认识的人也没有。

日子看不到尽头，深刻地自我怀疑、压抑、孤独、迷惘，时常让人顿感窒息到泪流满面。我也会充满依赖地向别人求助，以为抓住了救命稻草，但往往是一场又一场的希望落空。

那时候，经常强迫自己参加一些学姐学长的聚会，仿佛在人群之中就有了安全感，一种有人帮助的假象。

遇到的人也总是肯定地告诉我：这份工作绝对没有问题，很适合你。然后推荐我去面试，自己也为此开心不已，沉浸在这次一定没有问题的盲目乐观之中。

实际工作的内容和我期待的总是相差甚远，不尽如人意。

自己对社会的分工不了解，说不出自己要什么，只是知道自己不要什么。每个人的经历不同，他们只能推荐给我他们认为好的工作，于是信息和需求不对等，自己每一次只能靠尝误来获得对这个社会的了解和体验。

这样压抑的日子过久了才发现，要想挣脱这种状态就要靠自救，人得自己成全自己。不能再像孩子一样去渴望谁能来教你，谁能来帮你，谁能来和你探讨人生。必须一个人去面对全世界，在真切的行动里打碎过去的固执与坚硬，重塑符合这个社会的可行梦想。

我不再问任何人，我究竟适合什么样的工作，怎样才能走到那个位置上。转而专心地研究起行业、职位；每天都花四个小时的固定时间阅读相关的行业信息，了解各行各业的岗位，花上一个小时与行业人士交流，一个小时做各色的职业测试，一个小时学习做简历，一个小时阅读书籍，两个小时投递简历。

笨拙地走遍这个城市去面试。一点点积累面试官的问题，修改自己的简历，思索行业与行业间的不同。

人在看不到希望的时候，能做的就是不要停下来思考。

面对面试官的否定从来不灰心，细心总结自己的问题，记录在笔记本里，不断地进行经验累加。

通过面试、资料搜集、书籍阅读、向行业在职人员请教这些办法，一点一点排除不适合自己的行业和职位，慢慢锁定最具体的行业里的职位。

这长达半年的时间让我发现社会工作远比想象中要复杂，你无法从一个人或几个人的口中全面地了解它，那么只能亲自去尝试，去相信自己亲眼看到的东西，然后不断地修正自己的认知。

毕业前后不到半年的时间，我面试了近百家企业，拿到了23个offer。最后进入了最理想的公司，找到了自己认为最合适的岗位。

我还记得面试那天的场景，女主编端坐在会议室，一番交流下来，能感觉到对方对我十分满意，结束面试的时候，自己莫名眼眶湿润地说了句："请您帮我一把，我真的很想来工作。"

那句话好像用尽了毕业季所有的力气，现在回想起来依然莫名地感动。没过多久我就收到了那家公司的offer，一个真正的我想要的offer。

想起那段疯狂的面试经历，只有自己一个人在北京漂泊的日子，想起毕业时那样逞强不屈服的自己，内心感受非常深刻。我们总希望能够通过外界的帮助来完成自我的救赎，到头来却发现，没有人能够帮一个他自己都不知道要去向何方的人。

你所疑惑的一切，都将由你自己来解答，只有你知道你的问题在哪里。天助自助者，人终将只能自渡彼岸。